アメリカの教科書で学ぶ
やさしい
算数英語

小坂　洋子
Kosaka Yoko

Jリサーチ出版

はじめに

■ なぜ算数英語？

今まで私たちが日本の英語教育で学んできた英語はどのようなものだったでしょうか。昔はそれこそ「これは鉛筆です」「私は女の子です」など、見ればわかることを伝える練習を一生懸命していました。最近の英語教育ではさすがにそれはなくなりましたが、それでも日常の挨拶に始まり、物語や詩、歴史ものなど文系の文書が英語教材の中心になっていますね。その中で時々、時間や電話番号、距離などの言い方を練習したり、住所を書いたりするなど数字に関係することも習いますが、大きな数や少数、分数、図形などを含む理数系の英語教材はまだまだ足りません。

実際、ビジネス上の取引、また理数系学会での発表、英語圏で暮らすなどといった際には、お金の言い方や大きな数や小数点、長さや量の単位、グラフや確率など、数字で表現する機会が頻繁にあります。銀行に口座を開いたり、車や家を買ったり、仕事上の契約といった真剣勝負の時は、小さな単位も大きな単位も間違えずに聞き取れたり読み取ったりすることがとても大切になってきます。

これら日常に使われる英語はほとんどが、アメリカの小学校で学ぶレベルです。日本でもそうですが、小学校というところは、これから長い人生を生き抜いていく為に最低必要な手段を教えてもらう場所であり、そこで学ぶことは、普段の生活に役立つことばかりです。特に算数は、それぞれの項目が日常生活にそのまま「翻訳」できてしまうすごい教科です。例えば「今何時？」「シアトルからサンフランシスコまでの距離は？」などは日常会話でそのまま使えるフレーズです。

さまざまな人種が集まってできている、という建国の歴史的特徴から、アメリカ人は自分の考えを相手にきちんと言葉で伝えることを小さい頃から学んでいます。自分がこう思うから相手も当然そうであろう、という感覚はないと思っていたほうがいいでしょう。当然、人が集まるところでは「あなたはどう思う?」と意見を求められることが多いので、人にわかりやすく自分の意見を説明する練習をしておく必要があります。その際基本になるのが、自分が思っている事や物の定義です。まず定義したものが相手に伝われば、第1段階はクリアです。アメリカの小学校では図形やグラフなどの特徴を言葉で説明できるように繰り返し練習を行います。簡潔に物事を伝えられるようになることは、自分の意見を言う練習のスタートになるはずです。

■ こんな方のお役に立てたら!

本書で扱っているのは小学校で習う算数概念なので、既に知っている単語があるはずです。知らない単語でも一度覚えてしまえば、算数以外の場面で出会ったりすると嬉しくなるでしょう。算数は好きだけれど英語は苦手と思っている方、海外とのビジネスや研究で数字や図形を使ったやり取りをしている方に是非本書を利用していただきたいと思います。さらに、現在小学校で英語指導をしている先生方や、ご家庭でお子さんに英語を教えている親御さんにとっても、この本が英語教材提案のひとつとなればうれしいです。

アメリカの州立テストを元に制作された実力テストや、音声ドリル、便利な日米単位換算表も入っていますので、いろいろな角度から算数英語に触れて楽しんでみてください。

最後に、アメリカ在住の友人たち、練馬区立小学校の先生方、企画段階からさまざまなご意見をくださったＪリサーチ出版の方々、それから日々の生活の中で支えてくれた家族にお礼を言いたいと思います。

著者

Contents

第2章 Calculation 四則計算

第3章 Geometry 幾何学

第4章 Statistical Graphs 統計グラフ

第5章 Assessment Test 実力テスト

第6章 Listening Exercise 音声ドリル

●算数用語索引

本書の利用法

本書は、アメリカの小学校の教科書を元に、日常生活やビジネスの場で使われるような算数用語をわかりやすくまとめた算数英語の入門書です。さまざまな数の言い方、図形やグラフの名称など、今までの英語学習では網羅できなかった単語を学ぶことができます。練習問題や実力テスト、音声ドリルを活用すれば、覚えた単語もしっかり定着します。

1. 算数用語

第１章から第４章までは、算数用語を項目ごとに紹介しています。

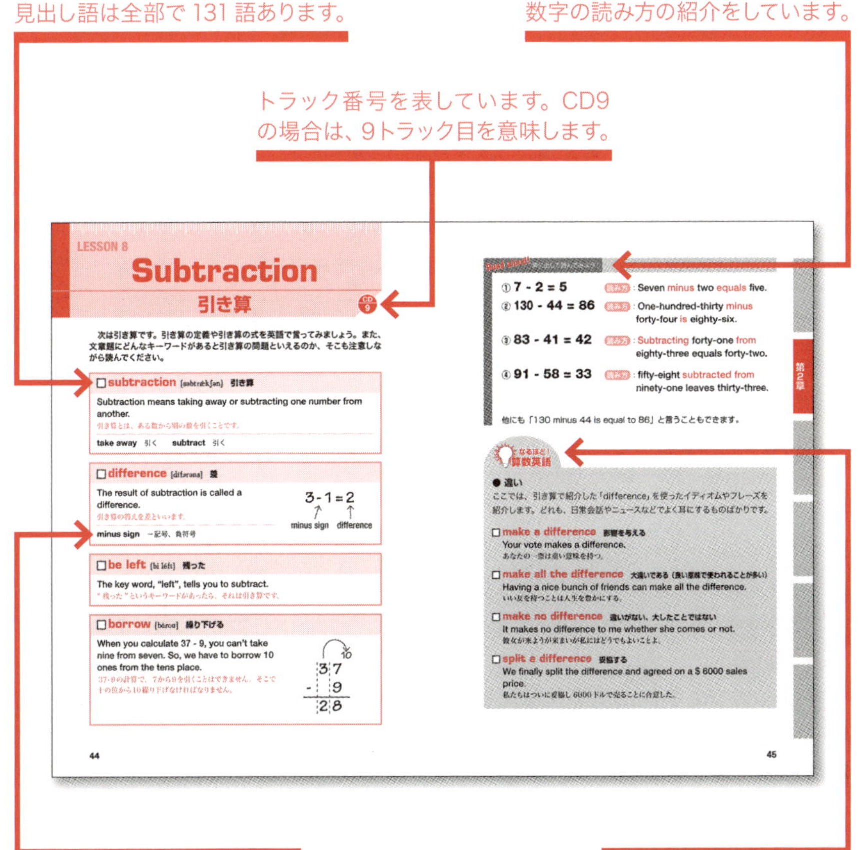

見出し語の他に重要な語彙はここにあります。また、類義語や反意語も紹介しています。

そのレッスンに関係する単語を使ったイディオムやフレーズを紹介しています。

2. 実力テスト

第５章では、アメリカの州立学力テストをもとに制作された実力テストに挑戦できます。

実力テスト問題です。

テストの訳と答えです。

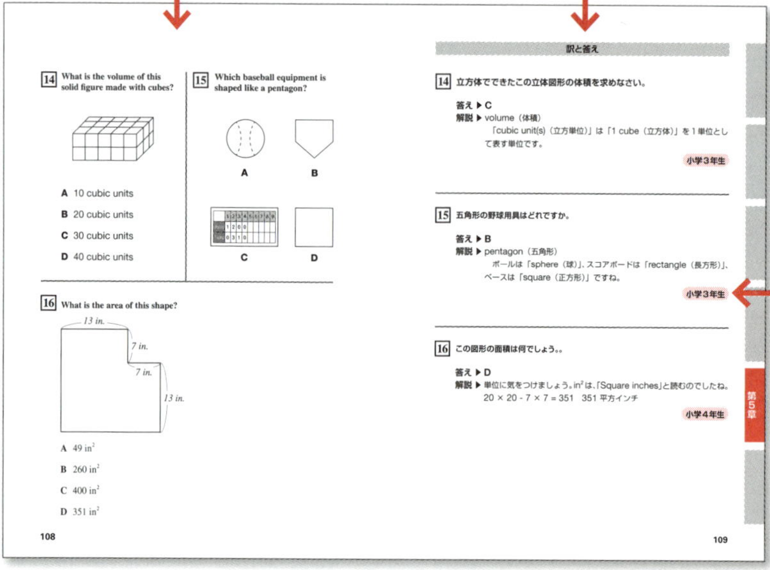

14 What is the volume of this solid figure made with cubes?

A 10 cubic units

B 20 cubic units

C 30 cubic units

D 40 cubic units

15 Which baseball equipment is shaped like a pentagon?

A B

C D

16 What is the area of this shape?

13 in.

7 in.

7 in.

13 in.

A 49 in^2

B 260 in^2

C 400 in^2

D 351 in^2

108

訳と答え

14 立方体でできたこの立体図形の体積を求めなさい。

答え ▶ C

解説 ▶ volume（体積）

「cubic unit(s)（立方単位）」は「1 cube（立方体）」を１単位として表す単位です。

小学３年生

15 五角形の野球用具はどれですか。

答え ▶ B

解説 ▶ pentagon（五角形）

ボールは「sphere（球）」、スコアボードは「rectangle（長方形）」、ベースは「square（正方形）」ですね。

小学３年生

16 この図形の面積は何でしょう。

答え ▶ D

解説 ▶ 単位に気をつけましょう。in^{2}は、「Square inches」と読むのでしたね。

20 × 20 - 7 × 7 = 351　351 平方インチ

小学４年生

第５章

109

アメリカで何年生の小学生が解く問題なのかを示しています。

<練習問題>

各レッスンのあとにある練習問題は、アメリカの小学生が取り組む宿題と同じ形式のものを採用しています。文章題やイラストを見て解く問題など様々な種類があります。

コラムは、算数に関連した事柄やアメリカの小学校に関連したことなどを紹介しています。

3. 音声ドリル

第６章では、音声ドリルに挑戦できます。音声で数字や図形の名称などを聞いて、リスニング力をアップさせることができます。

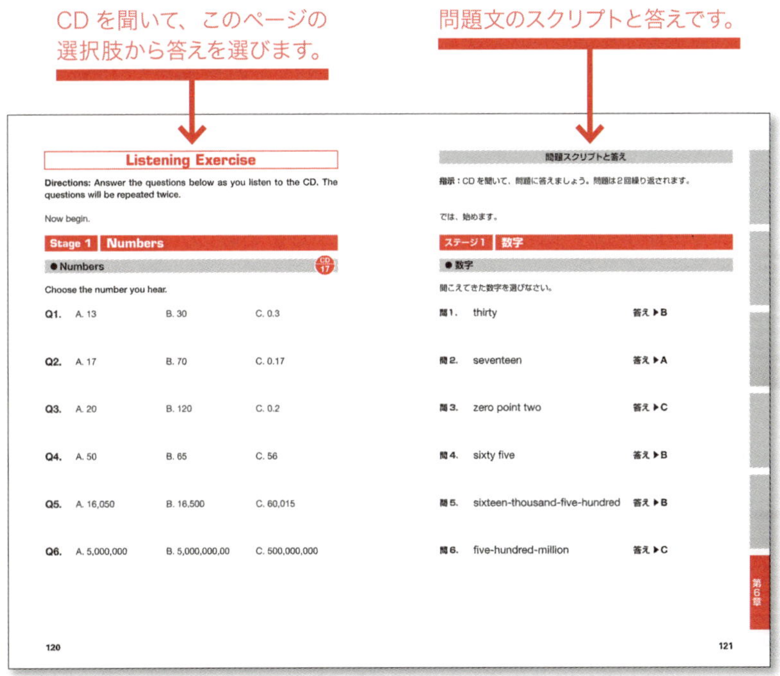

Listening Exercise

Directions: Answer the questions below as you listen to the CD. The questions will be repeated twice.

Now begin.

Stage 1 Numbers

● Numbers (CD 17)

Choose the number you hear.

Q1.	A. 13	B. 30	C. 0.3
Q2.	A. 17	B. 70	C. 0.17
Q3.	A. 20	B. 120	C. 0.2
Q4.	A. 50	B. 65	C. 56
Q5.	A. 16,050	B. 16,500	C. 60,015
Q6.	A. 5,000,000	B. 5,000,000,00	C. 500,000,000

120

問題スクリプトと答え

指示：CD を聞いて、問題に答えましょう。問題は２回繰り返されます。

では、始めます。

ステージ1 数字

● 数字

聞こえてきた数字を選びなさい。

問1.	thirty	答え ▶B
問2.	seventeen	答え ▶A
問3.	zero point two	答え ▶C
問4.	sixty five	答え ▶B
問5.	sixteen-thousand-five-hundred	答え ▶B
問6.	five-hundred-million	答え ▶C

第6章

121

＜巻末付録＞

日本とアメリカの単位換算表を紹介しています。

＜算数用語索引＞

算数用語を英語からも日本語からも引けるようになっています。

＜ CD について＞

CD には、見出し語の算数用語が英語→日本語→英語の順で収録されています。また、音声ドリルは、各問題文が２回ずつ入っています。

アメリカの教育事情

ひとつの国土に時間帯が４つある国。５０ある州のひとつ、カリフォルニア州の面積だけでも日本の国土とほぼ同じ広さであるという国。それだけ広大な土地に、日本の倍ほどの人が住んでいるアメリカでは、全国統一の教育システムはありません。連邦政府（Federal Government）によるガイドラインはあるものの、実際には各州の政府（state government）に任されていて、さらにその下にある自治区（county)、その中でも学区 (school district) ごとに具体的な教育方針が決定されていきます。

この学区内にある公立の学校は、連邦政府と州政府から出る補助金、そしてその学区に住む人々の税金で運営されています。住民には、自分の払う税金が有効に使われているかどうかの報告を受ける義務があります。予算案をチェックし、また公表される州立テストの結果で学区内の学校の到達度を把握するのです。裕福な家庭の多い学区では教育費に充てる予算も多いため、いい先生の雇用や、充実した施設を持つことが可能になり、学区全体の教育レベルを高く保つことができます。そして、その結果が州立テストに反映されると、学齢期の子供のいる人々がその地域に引っ越してきて、税金が増え、益々教育にかけられる予算が増える、というプラスの流れが出来上がります。逆に言うと、教育レベルの低い学区から人々は離れていく為、税金が減り、教育予算が減らされ、すると益々人口が減る…という負のスパイラルに陥ってしまうのです。このような循環がある限り学区の良し悪しがその地域の地価にも反映するので、教育と地域経済は切り離して考えられない関係にあるといえます。

それぞれの地域に任された教育は、その地域に１番あったやり方で行われていきます。たとえば、メキシコからの移民が多いカリフォルニア州では、以前、英語を母国語として話さない児童に第２言語教育として英語の授業（ESL）を必修させるべきか否かが議会で議論されたことがありました。また、新しいカリキュラムや、教科書の使用の有無、ドリルなどの情報交換は、学区内で開かれる教師同士の研修会で行われます。教科書を使用する場合は、通常児童は学校の教科書を１年間借りる形になります。教科書は日本の薄いものとは違い、２センチほどの厚さの中身がぎっしりとしたものになります。教科書を使用しない場合は、先生が電子黒板（Smartboard）や、プロジェクターを使ってわかりやすく説明し、その後ドリルや、プリントで問題を解いたりします。児童の中には、授業や宿題用のプリントでバックパックが重くなってしまい、タイヤのついたスーツケース型のバックパック（wheel backpack）で通学する子もいます。

さて、ブッシュ元大統領が在任中に、「落ちこぼれを作らない政策2001 (No Child Left Behind Act of 2001 / NCLB of 2001)」を制定しました。この法律は教育こそが国力をつけるのに大切であるという理念のもと、児童の学力を上げることを目的に作られました。これにより、州立テスト（State Standard Test）の結果が公表されるようになり、その結果を受けて国や州からの学区への助成金に差が出たり、希望の学校に転校することが可能になったりしたのです。さらにNCLBにより公立学校の地域に対する成績責任（accountability）はさらに重くなり、学校でも州立テストの点数を上げるための勉強が行われるところも出てきたようです。例えば、「いい地域」の学校に、日本からの駐在員子弟が入学してくると、始めのうちはどうしても英語の能力が劣るので、州立テストを受けないように暗に言われることもあるようです。ただ、それはテストに限ったことで、そういった学区では、第２言語としての英語学習のサポートシステムは整っていることが多いです。

2010年にオバマ大統領は、「初等中等教育法 (Elementary and Secondary Education Act / ESEA)」の改訂を提案していて、子どもが受ける教育のチャンスをより広げようとしています。ブッシュ政権時代と同様、教育が大切であることをうたいながらさらにはっきりと、高校卒業、大学入学率を上げることがより強いアメリカを作っていくと強調しています。その中で教育を受ける機関として、普通の公立学校に加えチャータースクールなど独自のカリキュラムを持った学校の選択肢も視野に入れることを提案しています。

さまざまなバックグラウンドを持った人たちで作ってきた新しい国アメリカでは、リーダーが“America as No.1!”（アメリカが１番！）といいながら国民をひとつにまとめていきます。強いアメリカを作る根底に明日を担う子どもたちの教育があることを確認しつつ……。

第1章

Numbers
数

算数の超基本である数について勉強します。
数やお金を数えたり、時間を言ったりと、
日常英会話で使えることばかりです

LESSON 1

Counting

数を数える

小学校に入って一番初めに算数で学ぶことは数を数えることです。数を正しく1から順に数えることや、One、Two などの英語で書かれた数が認識できるようになることも大切な勉強です。1から10まで英語で言えますか？アメリカの小学校で、掛け算の導入として教えられるスキップカウンティングなども練習しましょう。

□ count [káunt] 数を数える

1	2	3	4	5
(one)	(two)	(three)	(four)	(five)
6	7	8	9	10
(six)	(seven)	(eight)	(nine)	(ten)

1. 2. 3.

□ count up [káunt ʌ́p] 数え上げる

Count up from one to twenty.
1から20まで数えなさい。

□ count down [kaunt daun] 数を逆に数える

Count down from ten to zero.
10から0まで逆に数えなさい。

類 **count backward** 数を逆に数える

□ even number [í:vn nʌ́mbər] 偶数

Even numbers can be divided evenly into groups of two.
偶数は2で割ることができます。

2 4 6 8

evenly 均等に

□ odd number [ɑ́d nʌ́mbər] 奇数

All odd numbers leave a remainder of one if divided by two.

すべての奇数は2で割ると1余ります。

1 3 5 7 9

a remainder of ～　～の余り

□ whole number [hóul nʌ́mbər] 正の整数

Whole numbers include the numbers {0.1.2.3…} that are not fractional or decimal, or negatives.

正の整数は 0.1.2.3…といった分数や小数、負の数ではない数のことです。

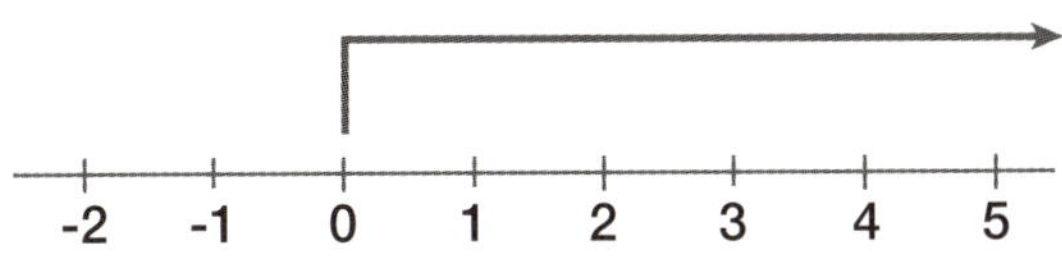

類 **natural number**　自然数

□ skip counting [skíp káuntiŋ] スキップカウンティング

Skip counting is a quick way to count by skipping numbers. For example, when you skip count by 2s, you count 2,4,6,8, and so on. You can skip count by many different numbers such as 2s, 3s, 5s, 10s, 25s, and 100s.

スキップカウンティングとは、数を飛ばして数えることです。例えば、2でスキップカウンティングをするときは2、4、6、8などとなります。2、3、5、10、25、100などいろいろな数でスキップカウンティングをすることができます。

count by ～　～ごとに数える

第1章

EXERCISES 練習問題

以下の問題に答えなさい。

Q1. Skip count backwards by 4s from 20 to 0 with words.

twenty, ________, ________, ________, ________, zero

Q2. Directions: Find and circle the words hidden in the box.

Searching words

COUNTING / EIGHT / EVEN / FIVE / FOUR / NINE / ODD / ONE / SEVEN / SIX / TEN / THREE / TWO / ZERO

K	T	J	C	N	E	R	G	Z	U	I	F	Y	L	T
W	N	E	E	C	R	U	X	N	E	P	E	N	P	B
B	M	V	N	V	E	M	E	F	I	R	C	O	O	O
U	E	C	E	D	A	Q	F	O	N	T	O	H	W	X
S	B	Q	X	R	J	Y	P	U	A	E	N	T	C	S
P	I	Q	F	G	F	O	V	R	H	J	V	U	M	F
G	I	X	C	M	W	D	H	N	J	A	M	E	O	G
E	S	O	C	T	B	U	A	S	H	M	T	H	L	C
V	O	L	T	B	S	S	U	O	S	E	H	K	R	F
M	B	K	J	U	A	U	L	G	F	E	Z	R	I	A
O	L	W	R	J	O	C	L	B	Z	R	V	V	O	A
D	H	O	P	N	H	I	M	K	A	H	E	N	I	N
D	B	P	N	N	E	Q	P	G	O	T	Z	D	D	R
K	T	W	Y	E	I	G	H	T	S	U	D	I	A	V

訳と答え

問 1. 20から0まで4とびで逆に数えて、空欄に単語を入れていきましょう。

答え ▶（左から）**sixteen, twelve, eight, four**

問 2. 隠された言葉を探しだしてまるで囲みなさい。

探す言葉

COUNTING / EIGHT / EVEN / FIVE / FOUR / NINE / ODD / ONE / SEVEN / SIX / TEN / THREE / TWO / ZERO

K	T	J	C	N	E	R	G	Z	U	I	F	Y	L	T
W	N	E	E	C	R	U	X	N	E	P	E	N	P	B
B	M	V	N	V	E	M	E	F	I	R	C	O	O	O
U	E	C	E	D	A	Q	F	O	N	T	O	H	W	X
S	B	Q	X	R	J	Y	P	U	A	E	N	T	C	S
P	I	Q	F	G	F	O	V	R	H	J	V	U	M	F
G	I	X	C	M	W	D	H	N	J	A	M	E	O	G
E	S	O	C	T	B	U	A	S	H	M	T	H	L	C
V	O	L	T	B	S	S	U	O	S	E	H	K	R	F
M	B	K	J	U	A	U	L	G	F	E	Z	R	I	A
O	L	W	R	J	O	C	L	B	Z	R	V	V	O	A
D	H	O	P	N	H	I	M	K	A	H	E	N	I	N
D	B	P	N	N	E	Q	P	G	O	T	Z	D	D	R
K	T	W	Y	E	I	G	H	T	S	U	D	I	A	V

LESSON 2

Large Numbers

大きな数

Numbers 数

number と numeral の違いを説明できますか？　数といってもさまざまな方向から見ると面白いですね。位取り、四捨五入、繰り上がり、繰り下がりなど、算数の基本中の基本である言葉を特徴的な概念とともにみていきましょう。

□ number [nʌ́mbər] 数

A number is a count or measurement that is an idea in our minds. We write or talk about numbers using numerals such as "5" or "five".

数とは、頭の中で認識する個数や長さなどの概念のことです。わたしたちは、数を表現するために「5」や「五」などといった数字を使うのです。

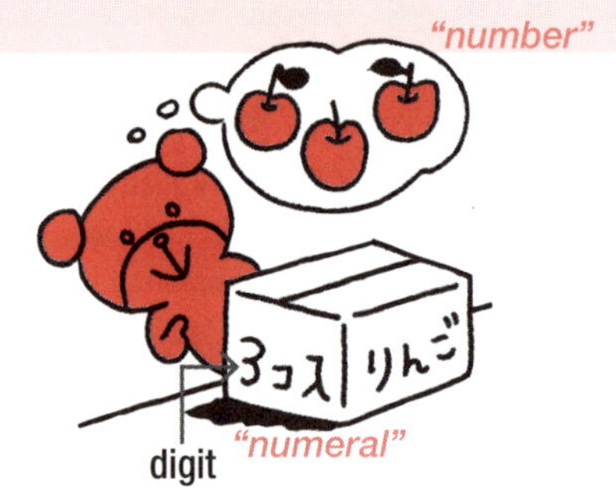

※ 実際には、「number」も「numeral」も同意語として使われることがほとんどです。

in one's mind(s) 頭の中で　**numeral** 数字　**digit** 桁

□ prime number [práim nʌ́mbər] 素数

A prime number can be divided evenly only by 1 or itself. In other words, its factors are only 1 or itself

素数とは、１または、その数自身でしか割れない数のことです。言いかえれば、その数の約数は１かその数自身のみということです。

1　2　3　5　7　11　13

in other words 言い換えれば

□ **prime factor** [práim fǽktər] 素因数

A prime factor is a factor that is a prime number.
素因数とは、素数である約数のことです。

"The prime factors of 6 are 2 and 3.
2 and 3 are prime numbers."

$$2 \times 3 = 6$$

factor factor

factor 約数

Place value 位取り

数を考える際に必要なもうひとつの概念が "place value" です。"place value" とは何か見ていきましょう。

□ **place value** [pléis vǽljuː] 位取り

Place value is the value of a digit or numeral shown by where it is in the number.
"place value" とは位取りのことで、何の位に何の数字があるのかを表すことです。

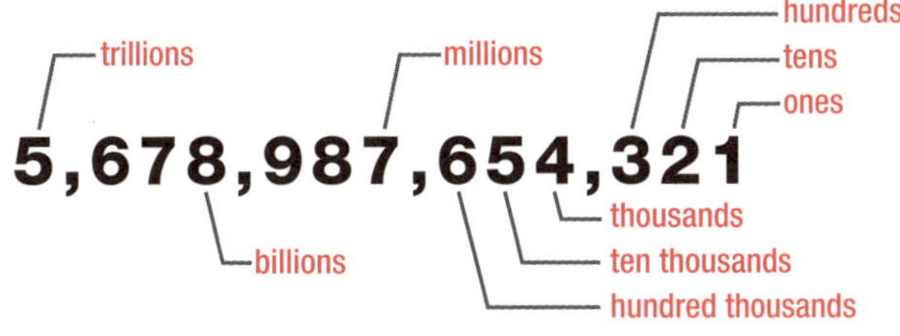

ones 一の位 **tens** 十の位 **hundreds** 百の位 **thousands** 千の位
ten thousands 一万の位 **hundred thousands** 十万の位
millions 百万の位 **billions** 十億の位 **trillions** 一兆の位

□ **rounding** [ráundiŋ] 四捨五入

Rounding is a way of simplifying numbers so that they are easier to handle. Yet, the value of those numbers is still similar to the originals.
四捨五入とは、扱いやすいように数を簡潔にする方法です。もとの数と四捨五入された数の値は近いままです。

simplify 簡素化する **handle** 扱う **original** 元のもの
類 **estimation** 概算

□ round up [raund ʌp] 切り上げる

When the digit is 5 or greater, round up.
その桁が5か5より大きい時は切り上げます。

□ round down [raund daun] 切り捨てる

When the digit is less than 5, round down.
その桁が5より小さい時は切り捨てます。

□ base-ten block [beis ten blak] 10進法ブロック／算数ブロック

Unit / Cube: 1
1 unit or 1 cube has a value of one.
1ユニットは1の価値があります。

Long: 10
1 long has a value of ten.
1ロングは10の価値があります。

Flat: 100
1 flat has a value of hundred.
1フラットは100の価値があります。

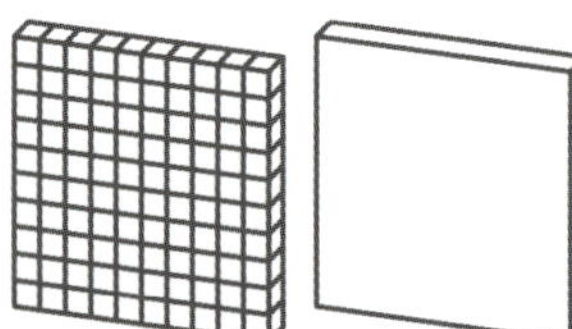

Block: 1000
1 block has a value of thousand.
1ブロックは1000の価値があります。

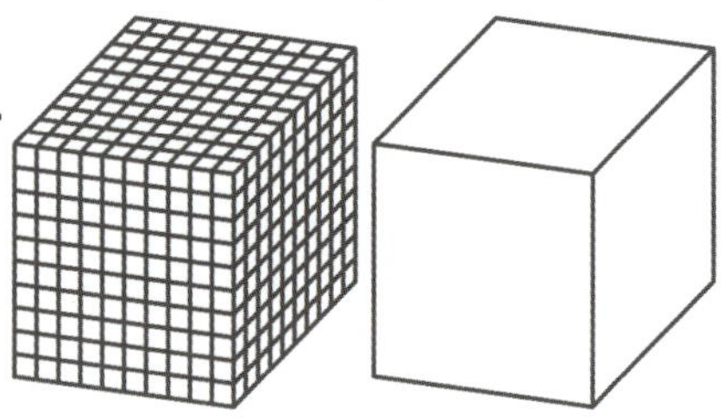

EXERCISES 練習問題

以下の問題に答えなさい。

Q1. What number is shown?
この図が表す数字はなんでしょう？

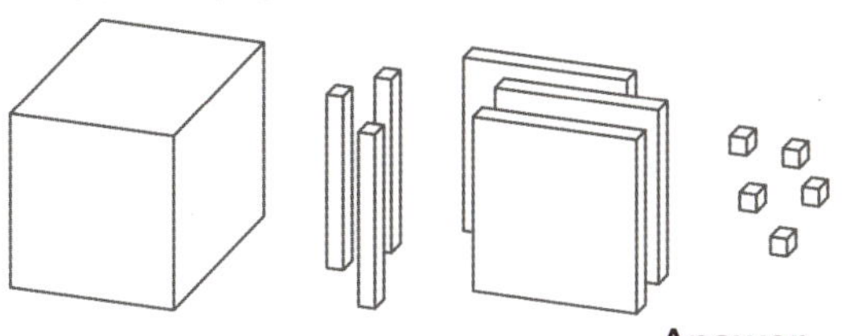

Answer ______________

Q2. What is the place value for tens in the number 4825?
4825 の十の位の数はなんでしょう？

4825

Answer ______________

Q3. Round 13602 to the nearest hundred.
13602 を四捨五入して百の位まで求めましょう。

Answer ______________

Q4. Fill in the blank. Use the word bank below.
空欄を埋めなさい。下の語彙表を使いなさい。

823,450,293,769,381

Eight hundred twenty-three (1)______________ four hundred fifty (2)______________ two hundred ninety-three (3)__________________ seven hundred sixty-nine (4)______________ three (5)______________ eighty-one.

Word Bank

A. hundred B. billion C. thousand D. million E. trillion

解答 ▶ Q1. 1335 Q2. 2 Q3. 13600 Q4. (1)E, (2)B, (3)D, (4)C, (5)A

LESSON 3

Small numbers

小さな数

Negative numbers 負の数

負の数を英語で定義できますか。マイナスのついた数字はどう読むのでしょう。

□ negative number [négətiv nʌ́mbər] 負の数

A negative number is one that is less than zero, such as -1.4 and -2.

負の数とは0より小さい数のことです。例えば、-1.4、-2などです。

less than ～ ～より少ない **zero** ゼロ 反 **positive** 正の

□ integer [íntidʒər] 整数

An integer is a number that includes the counting numbers {1, 2, 3, ...}, zero {0}, and negative counting numbers {-1, -2, -3, ...}

整数とは、1以上の数えられる数、0、それから-1以下の負の数えられる数のことです。（分数、小数は含まないということです）

-5 -1 0 3 1 6 10

counting number 数えられる数（0を含まない整数）

Read aloud! 声に出して読んでみよう！

① **-1.4** 読み方 : minus one point four

② **-20** 読み方 : negative twenty

Decimal numbers 小数

次は小数を読む練習をしましょう。普段の生活で使う言い方と学術的な場面での言い方は少し違います。十分の一の位はどう読んだらいいでしょう。

□ decimal number [désəməl nʌ́mbər] 小数

A decimal number is a number that uses a decimal point followed by digits as a way of showing values less than one.

小数は１よりも小さい数を小数点を用いて表した数のことです。

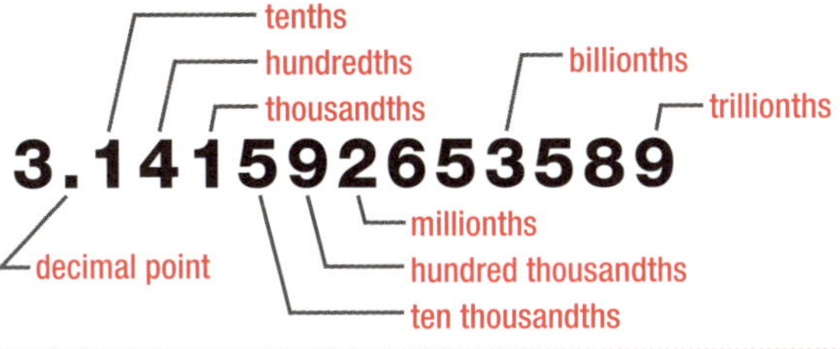

decimal point 小数点	**tenths** 十分の一の位
hundredths 百分の一の位	**thousandths** 千分の一の位
ten thousandths 一万分の一の位	**hundred thousandths** 十万分の一の位
millionths 百万分の一の位	**billionths** 十億分の一の位
trillionths 一兆分の一の位	類 **decimal** 10進法の／小数の

Read aloud! 声に出して読んでみよう！

① **3.2** 読み方 : three and two tenths

② **51.79** 読み方 : fifty-one and seventy-nine hundredths

日常生活では小数点は “and” よりも “point” で言うことが普通です。

③ **81.3** 読み方 : eighty-one point three

値段を言うときは、小数点以下のセントの部分も普通の数字のように読みます。

④ **$6.99** 読み方 : six ninety-nine（小数点は言わない）

Fractions 分数

分数は少し特殊な読み方をしますが、覚えてしまえば簡単です。日本語では「分母→分子」の順に読みますが、英語では「分子→分母」の順に読みます。分子はその数をそのまま読みますが、分母は序数で言います。

□ fraction [frǽkʃən] 分数

A fraction is a number written with the bottom part (the denominator) telling you how many parts the whole is divided into and the top part (the numerator) telling how many you have.

分数とは、下部（分母）が全体が何等分されているかを伝え、上部（分子）が全体のうちのいくつを持っているかを伝える数のことです。

"half" "quarter"

$\frac{3}{5}$ ← numerator ← denominator

numerator 分子　**denominator** 分母　**half** $\frac{1}{2}$、半分

quarter $\frac{1}{4}$

□ mixed number [míkst nʌ́mbər] 帯分数

A mixed number is the sum of a whole number and a proper fraction.

帯分数とは、正の整数と真分数とを合わせたものです。

$3\frac{2}{5}$

proper fraction 真分数

□ ordinal number [ɔ́ːrdənl] 序数

When objects are placed in order, we use ordinal numbers to tell their position such as first, second, and third.

物事が順番に並んでいるとき、それぞれのものの位置を表すのに1番目、２番目、３番目のように序数を使います。

類 **cardinal number** 基数（物を数える時に使う数）

Read aloud! 声に出して読んでみよう！

① $\frac{1}{3}$ 読み方：one third（分母を序数で読む）

② $\frac{2}{3}$ 読み方：two thirds（分子が２以上になったら分母は複数形）

③ $\frac{1}{2}$ 読み方：one half または a half（one second とは言わない）

④ $\frac{1}{4}$ 読み方：one quarter または a quarter、one fourth

⑤ $2\frac{3}{5}$ 読み方：two and three fifths（整数と分数は and でつなげる）

⑥ $\frac{24}{35}$ 読み方：twenty four over thirty five
（２桁以上の分数は over で分ける。この場合、分母は序数で言わない）

EXERCISES 練習問題

以下の問題に答えなさい。

Q1. What is the place value for hundredths in the number 0.7812?
0.7812 の百分の一の位はなんでしょう？

0.7812 Answer ________

Q2. What fraction of each figure is shaded?
それぞれの図の色つきの部分を分数で答えましょう。

❶ 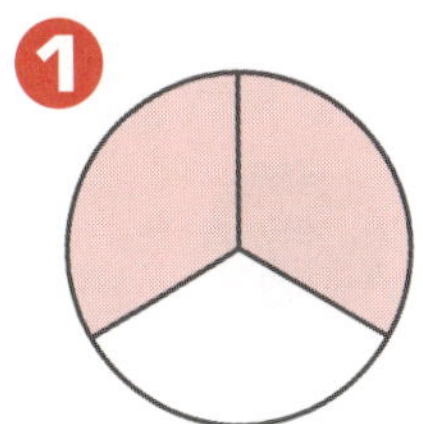

❷ 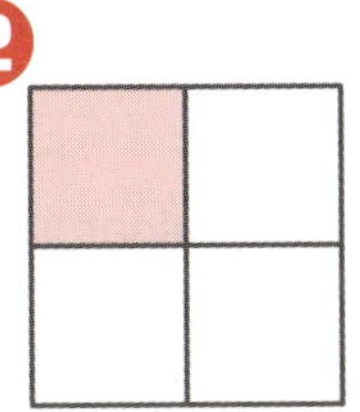

❸ 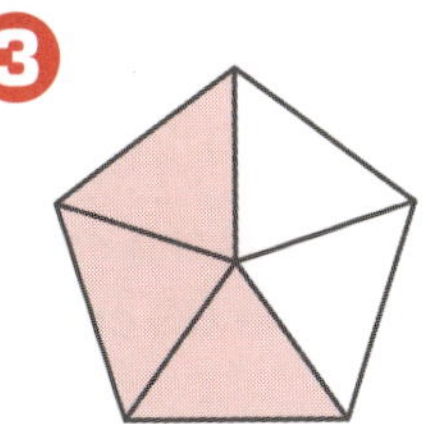

解答 ▶ Q1. 8　Q2. ❶ $\frac{2}{3}$、❷ $\frac{1}{4}$、❸ $\frac{3}{5}$

第1章

LESSON 4

Money

お金

お金は日常生活と切っても切り離せない学習項目です。25 セントは quarter と呼ぶなど、硬貨の種類とその呼び方を紹介します。また、上手に買い物ができるように硬貨の組み合わせも練習しましょう。

□ quarter [kwɔ́ːrtər] 25セント

A quarter is a coin worth $\frac{1}{4}$ of a United States dollar.

25セント硬貨は1米ドルの4分の1の価値がある硬貨です。

"Head"

"Tail"

coin 硬貨　**head**（硬貨の）表　**tail**（硬貨の）裏　類 **cent** セント

□ dime [dáim] 10セント

Five dimes are equivalent to two quarters.

ダイム5枚はクォーター2枚と等価です。

"Head"

"Tail"

equivalent 等価の

□ nickel [níkl] 5セント

A nickel contains 0.04 oz (1.25g) of nickel.

5セント硬貨1枚には、0.04 オンスのニッケルが含まれています。

"Head"

"Tail"

□ penny [péni] 1セント

A penny is the smallest denomination within the US currency system.

1セント硬貨は、最小の米国通貨単位です。

"Head"

"Tail"

denomination 通貨単位

□ **dollar** [dálər] **ドル**

The first US president, George Washington, is featured on the obverse of a dollar bill.
初代大統領ジョージ・ワシントンが1ドル札の表には描かれています。

"one dollar bill"

be featured on ～　～の図柄になる　**obverse**　表面　 類 **reverse**　裏

● **お金**

生活するうえで欠かせないお金。日常生活でよく聞く、お金に関する単語を例文つきでいくつか紹介します。

□ **cash** [kǽʃ] **現金**

Do you want to pay in cash or by check?
現金で支払いますか、それとも小切手にしますか？

check　小切手

□ **change** [tʃéindʒ] **おつり、小銭**

How much change did you get for those cookies?
このクッキーのおつりはいくらだったの？

□ **purchase** [pə́ːrtʃəs] **購入**

You can return any product within 10 days from the date of purchase.
購入してから10日以内でしたら、どの商品も返品可能です。

類 **buy**　買う

＊「**Buy one, get one free!**（ひとつ買うと、おまけでもうひとつついてくる！）」はアメリカのお店でよく見る表現です。

□ **currency** [kə́ːrənsi] **通貨**

Please check the Japanese Yen to US Dollar currency exchange rate.
アメリカドルに対する日本円の通貨為替レートを調べてください。

exchange rate　為替レート

EXERCISES 練習問題

以下の問題に答えなさい。

Q1. Complete the following.

1. 30 pennies have a value of ________ cents or ________ nickels.

2. 50 pennies have a value of ________ cents or ________ half dollar.

3. $3.23 means ________ dollars and ________ cents.

4. $10.29 means ________ dollars and ________ cents.

value 価値

Q2. Write the value of each set of coins, using a dollar sign and decimal point.

1. 2 quarters

2. 1 quarter, 2 dimes

3. 2 dimes, 1 nickel

4. 1 nickel, 4 pennies

5. 3 quarters, 1 dime, 1 nickel, 3 pennies

decimal point 小数点

訳と答え

問1. 以下を完成させなさい。

1. 1セント30枚は 30 セントもしくは5セント6枚に値します。

2. 1セント50枚は 50 セントもしくは 1 ドルの半分に値します。

3. $ 3.23 は3ドル 23 セントのことです。

4. $ 10.29 は 10 ドル 29 セントのことです。

問2. 次の硬貨の値をドル単位で小数点を用いて表しなさい。

1. 25セント硬貨2枚

2. 25セント硬貨1枚、10セント硬貨2枚

3. 10セント硬貨2枚、5セント硬貨1枚

4. 5セント硬貨1枚、1セント硬貨4枚

5. 25セント硬貨3枚、10セント硬貨1枚、5セント硬貨1枚、1セント硬貨3枚

解答 ▶ **1.** $.50 (fifty cents / a half dollar)
2. $.45 (forty-five cents)
3. $.25 (twenty-five cents)
4. $.09 (nine cents)
5. $.93 (ninety-three cents)

LESSON 5

Time

時間

Clock 時計

「What time is it?」と聞かれて、どう答えますか。「〜時15分前」はどう表現したらいいでしょう。「時計回り」という言葉をよく耳にしますが、これは英語でなんと言うのでしょう。

□ o'clock [əklák] 〜時

O'clock is a shortened form of "of the clock".

"O'clock" は、"of the clock" の短縮形です。

shortened 短縮した

"Eight o'clock"

□ hour hand [áuər hǽnd] 短針

The hour hand is the short hand on a clock that points to the hours. It goes once around the clock every 12 hours (half a day).

短針は、時計の「時」を指す短い針のことです。12時間（半日）で1周します。

hour hand

point 指す　**around** 〜の周りに　**every** 〜ごとに

□ minute hand [mínit hǽnd] 長針

The minute hand is the long hand on a clock that points to the minutes. It goes once around the clock every hour.

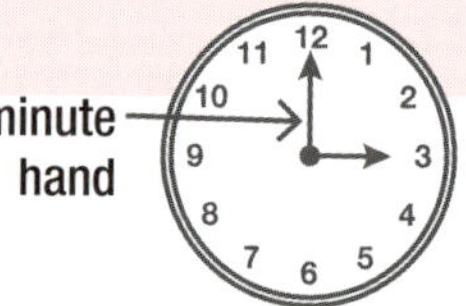

長針は、時計の「分」を指す長い針のことです。1時間ごとに時計を1周します。

□ half-past [hǽf pǽst] 〜時半

Half-past 10 also can be expressed as ten thirty.

"Half-past 10" は、"ten thirty" ということもできます。

express 表現する

"Half-past ten"

□ quarter-to/-past [kwɔ́ːrtər tu/pǽst] ～時15分前／～時15分

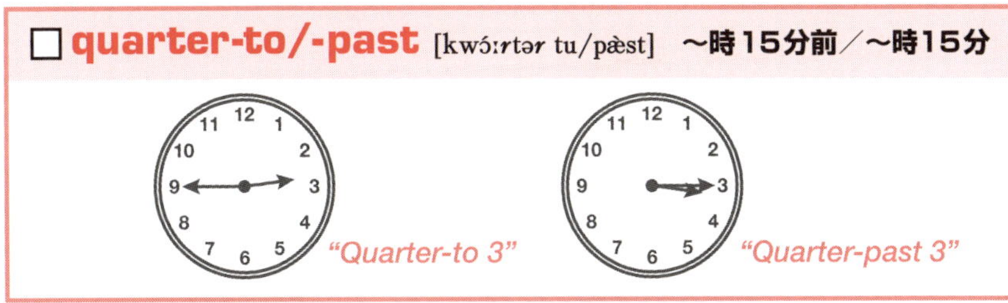

□ clockwise [klɑ́kwàiz] 時計回り

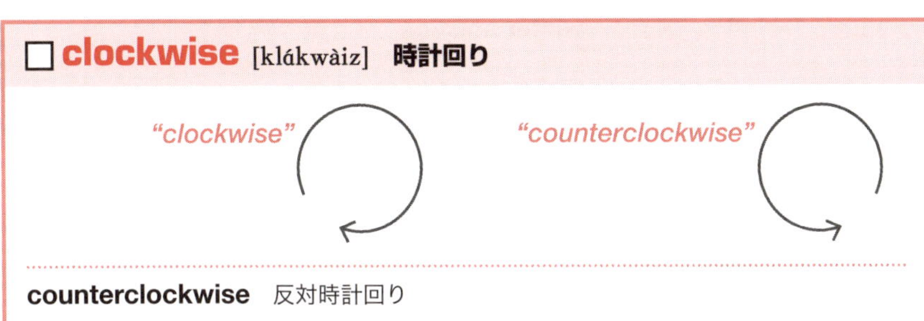

counterclockwise　反対時計回り

Calendar　暦

アメリカの小学校の低学年の子どもたちは、カレンダーの読み方を毎日欠かさず算数の授業で習います。「今日は何日?」、「今日は何曜日?」はどう言ったらいいでしょう。月、曜日、日にち、干支も英語で何と言うのか確認してください。

□ date [déit] 日付

A: What is today's date?　今日は何日?

B: It is Wednesday, June 15th, 2011.　今日は2011年6月15日水曜日だよ。

※曜日→月→日→年の順番になります。また、日にちは序数で表します。

□ day [déi] 曜日

A: What day is today?　今日は何曜日ですか。

B: It is Friday.　金曜日です。

□ leap year [líːp jíər] うるう年

A leap year comes every 4 years.

うるう年は、4年に1度やってきます。

□ solstice [sɑ́lstis] 至点

The days when the Earth is the most tilted away or towards the Sun are called: Summer solstice (the longest day of the year) and Winter solstice (the shortest day of the year)
地球が最も太陽の方へ傾いていたり、最も遠のいていたりする日を夏至（1年で最も日が長い日）、冬至（1年で最も日が短い日）といいます。

summer solstice 夏至 **winter solstice** 冬至

□ equinox [íːkwənɑ̀ks] 分点

The days when day and night are each 12 hours long and the Sun is at the midpoint of the sky are called spring equinox and fall (autumn) equinox.
昼と夜がそれぞれ12時間ずつになり、太陽が空の真ん中にくる日のことを春分の日と秋分の日といいます。

spring equinox 春分 **fall equinox** 秋分

□ Chinese zodiac [tʃainíːz zoudiæ̀k] 十二支

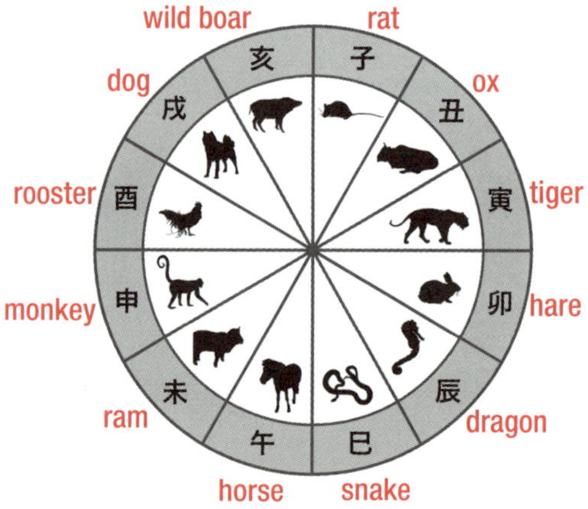

EXERCISES 練習問題

以下の問題に答えなさい。

Directions: Choose the time from the word bank below.
下の時計で表されている時刻を以下の語彙表から選びましょう。

❶

❷

❸

❹

❺

❻

Word Bank

a. one thirty-five	b. quarter-past four
c. six o'clock	d. eleven o'clock
e. quarter-to one	f. half-past five

解答 ▶ 1.c 2.d 3.a 4.f 5.b 6.e

LESSON 6

Probability

確率

小学生がどのように確率の概念を身に着けるのか、その入り口を見てみましょう。確率独特の「同様に確からしい」は英語で何と言うでしょう。

□ probability [pràbəbíləti] 確率

A probability experiment involves performing a number of trials to enable us to measure the chance of an event occurring in the future.

確率の実験とは、どのくらいの割合でその事象が起こりうるのか何度も試してみることです。

"dice / die"

experiment 実験　**trial** 取り組み　**enable** ～を可能にする
occur 起きる　**dice / die** サイコロ

□ chance [tʃǽns] 可能性

The chance that something will happen is between impossible and certain.

何かが起こるかもしれない可能性は、不可能と確実の間にあります。

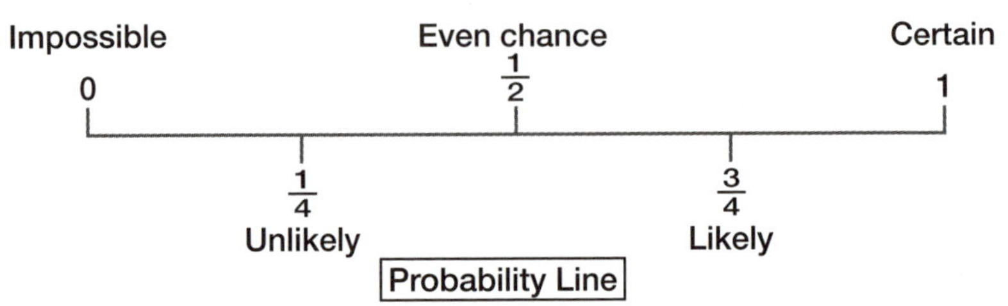

Probability Line

□ equally likely [íːkwəli láikli] 同様に確からしい

Each number is equally likely to be chosen.

どの番号も、選ばれるのは同様に確からしいといえます。

類 **be likely to do ～** ～しそうである

□ **event** [ivént] **事象**

An event is one or more outcomes of an experiment.
事象とは、実験における1つ以上の結果のことです。

outcome 結果

□ **at random** [ət rǽndəm] **無作為に**

You need to select 12 names at random from the list.
そのリストから12人の名前を無作為に選んでください。

● **チャンス**

確率の中でも出てくる言葉「chance」ですが、アメリカの日常会話でも「chance」をつかったイディオムやフレーズがたくさんあります。ここでは、その一部を紹介します。

□ **by any chance** **ひょっとして、もしかして**
Do you have a quarter by any chance?
ひょっとして25セント持ってますか？

□ **by chance** **偶然に、たまたま**
Did you see him by chance? 偶然、彼をみかけたの？

□ **chances are ~** **多分~になる**
Chances are you'll get the first prize! 多分、1等をあてるよ。

□ **Fat chance** **可能性はほとんどない**
A: Do you think your mom would say "yes"?
お母さん「いいよ」って言うと思う？
B: Fat chance! まさか！

□ **stand a good chance of ~** **~する見込みがある**
We stand a good chance of winning this game.
この試合には勝つ見込みがある。

□ **take a chance** **一か八かやってみる**
Come on, take a chance! 大丈夫、やってごらん！

EXERCISES 練習問題

以下の問題に答えなさい。

Experiment 1:
A spinner has 5 equal sectors colored blue, red, green, yellow and orange. What is the probability that the arrow will land on…

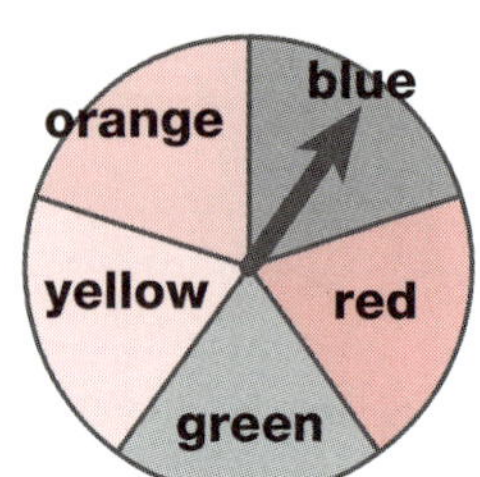

1. blue? ____________
2. red? ____________
3. green? ____________
4. yellow? ____________
5. orange? ____________

spinner スピナー（針を指ではじいて回すタイプのルーレット）
sector 扇形の区分 **arrow** 矢（スピナーの針）
land on （～の上に）着く

Experiment 2:
A glass jar contains 6 red, 5 green, 8 blue and 3 yellow marbles. If a single marble is chosen at random from the jar, the probability of choosing…

1. a red marble is ____________
2. a green marble is ____________
3. a blue marble is ____________
4. a yellow marble is ____________

glass jar ガラス瓶 **marble** ビー玉

第1章

訳と答え

実験１：

スピナーは青、赤、緑、黄色、オレンジ色の５色に等分されています。次の色に矢印が止まる確率を求めましょう。

1. 青：$\frac{1}{5}$
2. 赤：$\frac{1}{5}$
3. 緑：$\frac{1}{5}$
4. 黄色：$\frac{1}{5}$
5. オレンジ：$\frac{1}{5}$

実験２：

瓶に赤６個、緑５個、青８個、黄色３個のビー玉が入っています。もし、無作為にひとつのビー玉を瓶から取り出すとしたら、

1. 赤色のビー玉を選ぶ確率は（$\frac{6}{22}$）、
2. 緑色のビー玉を選ぶ確率は（$\frac{5}{22}$）、
3. 青色のビー玉を選ぶ確率は（$\frac{8}{22}$）、
4. 黄色のビー玉を選ぶ確率は（$\frac{3}{22}$）。

Outcomes:
The outcomes in this experiment are not equally likely to occur because you are more likely to choose a blue marble than any other color and least likely to choose a yellow marble.

<結果>

この実験の結果は同様に確からしいとはいえません。青を選ぶ確率が最も高く、黄色を選ぶ確率は最も低いからです。

Column 1

Time Differences
時差

日本国内には時差など存在せず、全国的に同じ時間で生活していますね。一方で、アメリカの国土は日本の約25倍もあり、東西に広がっているため、ハワイを除く北米大陸の州を4つに分けた時間帯があります。日本に近い西側からPacific Time（太平洋標準時刻）、Mountain Time（山岳部標準時刻）、Central Time（中央部標準時刻）、Eastern Time（東部標準時刻）と呼びます。それぞれの地域で1時間ずつ時刻がずれています。ですから東海岸のNew Yorkのオフィス街では西海岸のSan Franciscoより3時間早く仕事が始まることになるので、相手に電話をする時には注意が必要です。

アメリカのスポーツの試合やアカデミー賞のようなテレビ中継番組、ドラマなどのコマーシャルを見ると、「8ET/5PT」といった時間の表示を目にします。これは、アメリカ国内で時差があるからこそみられるものです。アメリカの主要テレビ局で主に使われるこの表現は、どのタイムゾーンで何時にその番組が放送されるかを示しています。ですから、「8ET/5PT」は、Eastern Timeでは8時、Pacific Timeでは5時という意味なのです。

さらに、アメリカでは、夏になるとDaylight Saving Time（DST 夏時間）を取り入れます。夏は日の出が早まるので、時計を1時間早めます。太陽が出ている間に仕事をして夜は早く就寝することで、エネルギーの消費量を抑え環境に配慮する、という意味があります。DSTはそれぞれのタイムゾーンで、3月第2日曜日の午前2時にスタートして、11月第1日曜日の2時に元の標準時に戻ります。ハワイとアリゾナ州の一部ではDSTは採択されていません。

第2章

Calculation
四則計算

数式で見ると簡単ですが、
ひとつひとつを言葉に表すのはなかなか大変です。
練習問題の文章題にも挑戦してください。

LESSON 7

Addition

足し算

英語で足し算をしてみましょう。○+△=□の言い方には何種類かあります。また文章題で、どのようなキーワードがあると足し算の問題だとわかるのか、小学生にはそのあたりのヒントも重要な学習ポイントになります。

□ addition [ədíʃən] 足し算

Putting numbers together is called addition.

いくつかの数字を合わせることを足し算といいます。

put ~ together 〜を合わせる

□ sum [sʌ́m] 和、合計

When you add two numbers together, you get a total, or sum.

2つの数字を足したものを和といいます。

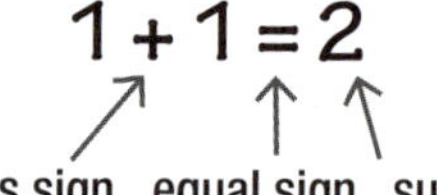

add 足す **total** 和、合計 **plus sign** ＋記号、正符合
equal sign 等号

□ number sentence [nʌ́mbər sentəns] 数式

A number sentence represents an equation that includes numbers and operation symbols like addition, subtraction, multiplication, and division.

数式とは、足し算、引き算、割り算、掛け算などの、数字と計算記号を含んだ等式のことです。

$$y=3x^2+8$$

equation 等式 **symbol** 記号

□ in all [in ɔ́:l] 全部で

These key words, “in all” and “all together”, tell you to add.
“全部で”や“全部あわせて”などのキーワードがあったらそれは足し算の問題です。

all together 全部あわせて

□ carry [kǽri] 繰り上げる

Add five and nine, and carry the one to the next digit.
5＋9をして1を次の位に繰り上げます。

$$\begin{array}{r} 5 \\ +\ {}^{1}9 \\ \hline 14 \end{array}$$

Read aloud! 声に出して読んでみよう！

① **4 + 1 = 5** 読み方 : Four plus one equals five.

② **16 + 20 = 36** 読み方 : Sixteen plus twenty is thirty six.

③ **70 + 10 = 80** 読み方 : Seventy and ten makes eighty.

④ **9 + 19 = 28** 読み方 : Nine added to nineteen makes twenty eight.

他にも「16 plus 20 is equal to 20.」と言うこともできます。

“4 + 1 = 5”

第2章

EXERCISES 練習問題

以下の文章題をやってみましょう。

Q1. Mrs. Anderson asked 3 girls and 2 boys to come to the front of the class. How many children does she have all together?

Number sentence: ____________________

Answer: ______________________________

the front of the class 教室の前　**How many ～?** ～がいくつ？

Q2. Monica and Jessie sold 13 boxes of Girl Scout cookies yesterday and 16 boxes today. How many boxes did they sell in two days?

Number sentence: ____________________

Answer: ______________________________

girl scout cookies ガールスカウトクッキー　**in two days** 2日間で

Q3. 9 children were playing tag in the school playground. 3 children joined in, and then 2 more children joined in. How many children are playing tag in all?

Number sentence: ____________________

Answer: ______________________________

tag 鬼ごっこ　**school playground** 校庭　**join in** 加わる

訳と答え

問1. アンダーソン先生は３人の女の子と２人の男の子を教室の前に呼びました。全部で何人の子供が呼ばれましたか？

式 ▶3 + 2 = 5 (Three plus two equals five)
解答 ▶5 children

問2. モニカとジェシーはガールスカウトクッキーを昨日は13箱、今日は16箱売りました。２人は２日間で何箱のクッキーを売りましたか？

式 ▶13 + 16 = 29 (Thirteen plus sixteen is twenty-nine)
解答 ▶29 boxes

問3. 校庭で９人の子供が鬼ごっこをして遊んでいました。そこへ３人やってきて、その後、また２人来て、鬼ごっこに加わりました。全部で何人の子供が鬼ごっこをして遊んでいますか？

式 ▶9 + 3 + 2 = 14
(Nine plus three plus two is equal to fourteen)
解答 ▶14 children

LESSON 8

Subtraction

引き算

次は引き算です。引き算の定義や引き算の式を英語で言ってみましょう。また、文章題にどんなキーワードがあると引き算の問題といえるのか、そこも注意しながら読んでください。

□ subtraction [səbtrǽkʃən] 引き算

Subtraction means taking away or subtracting one number from another.

引き算とは、ある数から別の数を引くことです。

take away 引く　**subtract** 引く

□ difference [dífərəns] 差

The result of subtraction is called a difference.

引き算の答えを差といいます。

minus sign －記号、負符号

3 - 1 = 2

minus sign　difference

□ be left [bi léft] 残った

The key word, "left", tells you to subtract.

"残った"というキーワードがあったら、それは引き算です。

□ borrow [bárou] 繰り下げる

When you calculate 37 - 9, you can't take nine from seven. So, we have to borrow 10 ones from the tens place.

37-9の計算で、7から9を引くことはできません。そこで十の位から10繰り下げなければなりません。

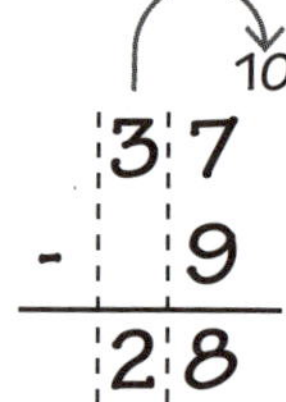

Read aloud! 声に出して読んでみよう！

① 7 - 2 = 5 　読み方：Seven minus two equals five.

② 130 - 44 = 86 　読み方：One-hundred-thirty minus forty-four is eighty-six.

③ 83 - 41 = 42 　読み方：Subtracting forty-one from eighty-three equals forty-two.

④ 91 - 58 = 33 　読み方：Fifty-eight subtracted from ninety-one leaves thirty-three.

他にも「130 minus 44 is equal to 86」と言うこともできます。

● 違い

ここでは、引き算で紹介した「difference」を使ったイディオムやフレーズを紹介します。どれも、日常会話やニュースなどでよく耳にするものばかりです。

□ **make a difference** 影響を与える

Your vote makes a difference.

あなたの一票は重い意味を持つ。

□ **make all the difference** 大違いである（良い意味で使われることが多い）

Having a nice bunch of friends can make all the difference.

いい友を持つことは人生を豊かにする。

□ **make no difference** 違いがない、大したことではない

It makes no difference to me whether she comes or not.

彼女が来ようが来まいが私にはどうでもよいことよ。

□ **split a difference** 妥協する

We finally split the difference and agreed on a $ 6000 sales price.

私たちはついに妥協し 6000 ドルで売ることに合意した。

EXERCISES 練習問題

以下の文章題をやってみましょう。

Q1. Taylor prepared 20 cups of lemonade for his garage sale. He sold 12 cups. How many cups did he have left?

Number sentence: ____________________

Answer: ______________________________

garage sale ガレージセール **lemonade** レモネード

Q2. There are 93 seats on the plane. 79 seats are already taken. How many empty seats are left?

Number sentence: ____________________

Answer: ______________________________

passenger 乗客 **be taken** 確保された **empty** 空の

Q3. Carol picked 130 apples from her apple tree. She gave her friends some apples. She kept 50 apples in storage. How many apples did Carol give to her friends?

Number sentence: ____________________

Answer: ______________________________

storage 貯蔵庫

訳と答え

問1. テイラーはガレージセールで売るためにレモネードを20杯用意し、12杯を売りました。残りは何杯でしょう？

式　▶20 - 12 = 8 (Twenty minus twelve equals eight)

解答▶8 cups

問2. この飛行機には93席あります。79席はすでに予約されています。空席は何席あるでしょう。

式　▶93 - 79 = 14 (Ninety-tree minus seventy-nine is fourteen)

解答▶14 seats

問3. キャロルはリンゴの木から130個のリンゴをとりました。友達にいくつかあげて、残り50個を貯蔵庫にしまいました。友達にはいくつのリンゴをあげたでしょうか？

式　▶130 - 50 = 80 (Subtracting fifty from one-hundred-thirty leaves eighty)

解答▶80 apples

LESSON 9

Multiplication

掛け算

掛け算を英語で定義付けすると、どうなるでしょう？また、掛け算の式はどう言うのでしょうか。２桁以上の掛け算を間違えないで確実にできる面白い方法もご紹介します。

□ multiplication [mʌ̀ltəplikéiʃən] 掛け算

Multiplication is adding the same number multiple times.
掛け算は同じ数字を何度も足すことです。

multiple 複数

$$3+3+3+3=3\times 4$$

□ product [prádʌkt] 積

The result of multiplication is called a product.
掛け算の答えを積といいます。

multiplication sign × 記号、乗算符号

$$25\times 4=100$$

multiplication sign (×)　product (100)

□ time [táim]（数を）掛ける

A negative times a negative equals a positive.
負の数に負の数をかけたら正の数になります。

類 **multiply** 掛け算をする　類 **times tables** 九九表

Read aloud! 声に出して読んでみよう！

① **5 × 3 = 15** 読み方：Five times three equals fifteen.

② **42 × 6 = 252** 読み方：Forty-two times six is two-hundred fifty-two.

他にも「42 multiplied by 6 is 252」ということもできます。

Lattice Multiplication 格子乗算

Lattice multiplication was introduced to Europe in 1202 by Fibonacci's Liber Abaci. It is a method of multiplying large numbers using a grid.

格子乗算は、数学者フィボナッチの『算盤の書』により1202年にヨーロッパに紹介されました。名前の示すとおり、格子を使って大きな数の掛け算をするのに便利な方法です。

The lattice multiplication algorithm for multiplying 24 and 25 is shown to your right.

24 × 25を格子乗算で計算してみたものが右の図です。

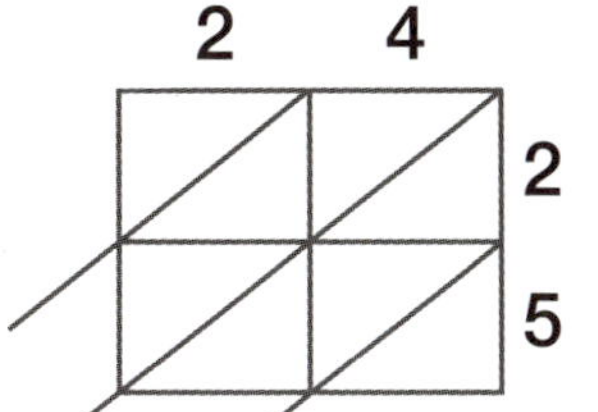

Step 1: The first computing is 4 x 5. The tens go above the diagonal and the units below. Continue this procedure for all the blocks.

初めは4×5です。十の位は斜線の上に、一の位は下に書きます。このようにすべての枠内を埋めていきます。

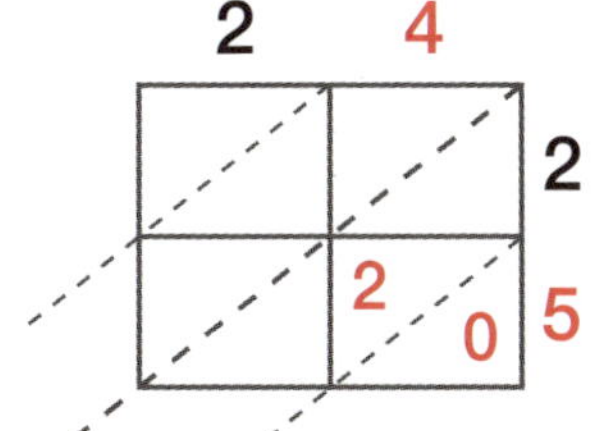

Step 2: Once the multiplication is complete, add along the diagonals. It is necessary in this example to carry 1 to the hundreds diagonal.

それぞれの掛け算が終了したら、斜線にそって足し算をしていきます。この例においては、1を百の位の斜線上に繰り上げることを忘れないでください。

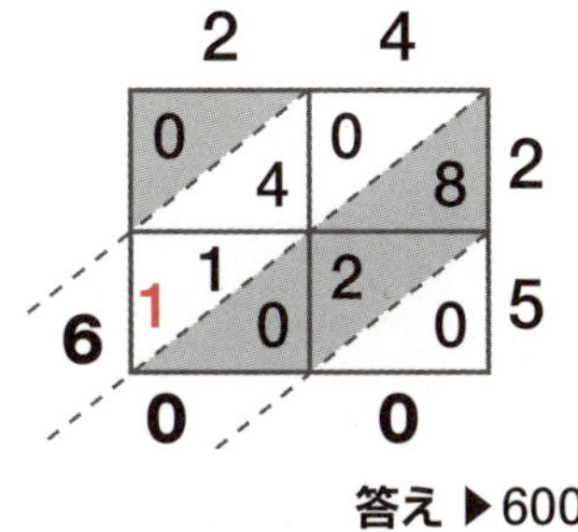

答え ▶600

lattice 格子	**introduce** 紹介する	**method** 方法
grid 格子状のもの	**algorithm** アルゴリズム	
computing 計算	**tens** 十の位	**diagonal** 斜め線
above ～上に	**units** 一の位	**below** ～の下に
necessary 必要な	**hundreds** 百の位	

EXERCISES 練習問題

以下の文章題をやってみましょう。

Q1. There are two football teams on the field. Each team has 11 players. How many players are there in total?

Number sentence: ____________________

Answer: ______________________________

football （アメリカン）フットボール **field** 運動場 **player(s)** 選手

Q2. The 5th grade students prepared chairs for the school play in the multipurpose room. They arranged 14 rows of chairs. There were 23 chairs in each row. How many chairs are in the multipurpose room?

Number sentence: ____________________

Answer: ______________________________

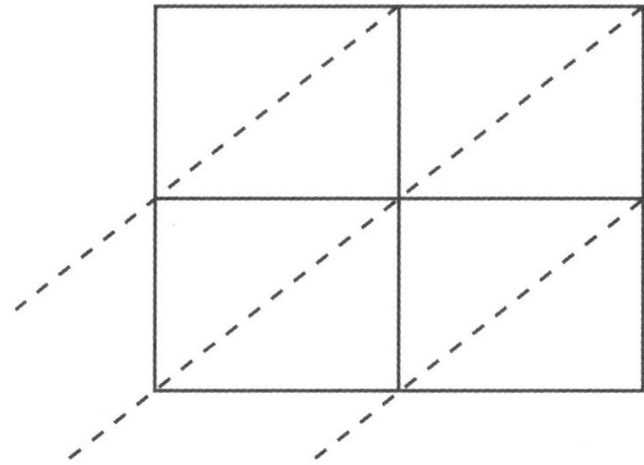

school play 学校での劇 **multipurpose room** 多目的室
arrange 並べる **row** 列

訳と答え

問1. 運動場に2つのフットボールチームがいます。それぞれのチームには11人の選手がいます。運動場には全部で何人の選手がいるでしょう。

式 ▶2 × 11 = 22 (Two times eleven equals twenty-two)

解答 ▶22 players

※日本の掛け算とは掛ける数、掛けられる数の表記順が逆のことがあります。

問2. 5年生の生徒たちが、多目的ルームで行われる演劇祭用の椅子を並べました。椅子は14列あり、それぞれの列には23の椅子が並んでいます。多目的ルームには全部でいくつの椅子が用意されましたか。

式 ▶14 × 23 = 322 (Fourteen multiplied by twenty-three is three hundred twenty-two)

解答 ▶322 chairs

※掛け算式は、14 * 23 = 322 のように表すこともあります

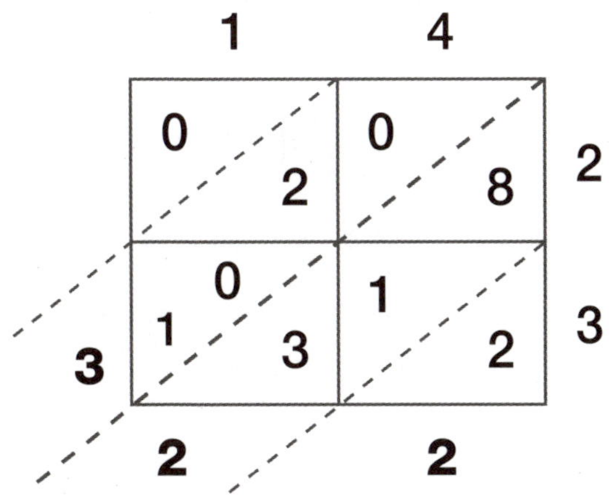

LESSON 10

Division

割り算

英語で割り算の答え、商や余りのことを何というでしょう。また割られる数、割る数はどのように言われているのでしょう。小学生の解く文章題にはどんな単語が出てくるでしょう。

□ division [divíʒən] 割り算

Division is splitting into equal parts or groups.
割り算とは等しく分けることです。

split into ～に分ける　**equal** 等しい　類 **divide** 割る、分ける

□ quotient [kwóuʃənt] 商

In mathematics, a quotient is the result of division.
算数では、割り算の答えのことを商といいます。

15÷5=3
(÷ → division sign, 3 → quotient)

result of ～の結果　**division sign** ÷記号、除算符号

□ remainder [riméindər] (割り算の) 余り

The remainder is the amount left over after division when one divisor does not divide the dividend exactly.
「余り」とは、割る数で割られる数を割り切れないときに出る残りの数のことです。

22 ÷ 5 = 4 R2
(22 → dividend, 5 → divisor, R2 → remainder)

left over 残りの　**divisor** 割る数、除数　**dividend** 割られる数、被除数

Read aloud! 声に出して読んでみよう！

① **40 ÷ 5 = 8** 読み方：Forty divided by five equals eight.

② **73 ÷ 9 = 8 R1** 読み方：Seventy-three divided by nine is eight with a remainder of one.

"5 ÷ 2 = 2R1"

第2章

EXERCISES 練習問題

以下の文章題をやってみましょう。

Q1. There are 12 lollipops, and 4 friends want to share them. How many lollipops does each person get?

Number sentence: ____________________

Answer: ____________________

lollipops ペロペロキャンディ、棒付きアメ　**share** 分かち合う

Q2. Mr. McDonald wants to plant tulip bulbs in pots. He has 60 bulbs and wants to plant 7 bulbs in each pot. How many pots does he need?

Number sentence: ____________________

Answer: ____________________

plant ～ ～を植える　**tulip** チューリップ　**bulb** 球根　**pot** 植木鉢

訳と答え

問1. ペロペロキャンディが12本あります。友達4人で分け合うとしたら1人何本もらえるでしょう。

式 ▶12 ÷ 4 = 3 (Twelve divided by four equals three)
解答 ▶3 lollipops each

問2. マクドナルドさんがチューリップの球根を植木鉢に植えようとしています。球根は60個あり、1つの植木鉢に7個の球根を植えます。植木鉢はいくつ必要ですか？

式 ▶60 ÷ 7 = 8 R4 (Sixty divided by seven is eight with a remainder of four)
植木鉢8つでは球根が4つ余ってしまうので、
8 + 1 = 9 (Eight plus one equals nine)
解答 ▶9 pots
※割り算式は 60 / 10 = 6 のように表すこともあります。

第2章

Column

2 Calculator
計算機

会社の机上にも家庭にもあって、みんな普段当たり前のように使っているのに、小学校の教室に生徒の人数分常備されていると聞いたら驚くもの、それは「Calculator（計算機）」です。アメリカの小学校では、日常的に計算機が授業の中で使われます。さらに、テストでも、計算機を使っていいケースがあります。授業では、ただの計算の道具としてだけでなく、掛け算や割り算のもとになる考え方を計算機を使って教えている先生もいるようです。

例えば、子どもたちに計算機で1を5回足すように指示します。それから、次に2を5回足すように指示します。そのように、いくつかの数字で足し算を繰り返し行い答えを求め、掛け算の考え方を教えるのです。実際に、掛け算九九を覚えていない子どもたちの中には、繰り返し足し算を行って答えを求める子もいます。

同様にして、割り算でも計算機が使われます。「Repeated Subtraction（引き算の繰り返し）」と呼ばれる割り算の解法がありますが、これは、読んで字のごとく引き算を繰り返し行って割り算の答えを導くというものです。例えば「100÷10」は、100から10を何回引くと0になるかを計算機を使って実験します。「100÷13」の場合、残りの数が13よりも小さくなるまで13を引いていき、余った数が「Remainder（余り）」となるわけです。これで割り算の基礎概念がわかりますね。

他に、「Geometry（幾何学）」の授業でも、計算機が活躍します。π（pi）の単元では、子どもたちは円の「diameter（直径）」と「circumference（円周）」を測って、「π（円周率）」を調べるのに計算機を使うことを許されます。それは、円周率が3.14であるということに気づくのに集中するためなのです。

小学校で日常的に計算機を使うことに対しては賛否両論ありますが、上記のように新しく習う単元の導入に使用したり、新たに習う概念の理解に焦点を当てる授業をしたいときなどに、計算機を使っている先生も多いようです。ただ、計算機上の計算は、ボタンをひとつ押し間違えるとまったく違った答えが出てくるリスクが伴うので、あらかじめ「estimation（概算）」をしておくことが大切であることは言うまでもありませんね。

第3章

Geometry
幾何学

幾何学について勉強します。
角度や図形の種類など、日本語ではわかるようなことも、
英語でとなるとすぐに頭には浮かんでこないものです。
ひとつひとつ確認していきましょう。

LESSON 11

Lines and Angles

線と角度

Lines 線

角度を勉強する前に、アメリカの小学生たちは線の種類について学びます。3種の線を何と呼び、どのように定義するのかみてみましょう。

□ line [láin] 線

A geometrical object that is straight, infinitely long and infinitely thin is a line.

まっすぐな、終わりの無い、無限に細い幾何学のものを線といいます。

P ⟷ Q

"line PQ"

geometrical 幾何学的（な）　**object** 物、対象　**infinitely** 無限に

□ line segment [láin ségmənt] 線分

A straight line which links two points without extending beyond them is called a line segment.

2つの点に挟まれたまっすぐな線（→直線）のことを線分といいます。

P ―― Q

"line segment PQ"

straight まっすぐな　**extending** 伸びる　**beyond** ～の向こう側に

□ ray [réi] 射線

A ray begins at an endpoint and goes off in a particular direction to infinity.

射線は、端点から始まり一方向に無限に続く線です。

P ⟶ Q

"ray PQ"

※ X-ray と言えばレントゲンのことです。

endpoint 端点　**particular** 特定の　**direction** 方向

Angles 角度

普段の生活でも角度に関する言葉はよく聞きますね。場所の行き方、商品の説明などでも使われます。特徴的な角度の名前と、その定義は英語で何というのでしょうか。

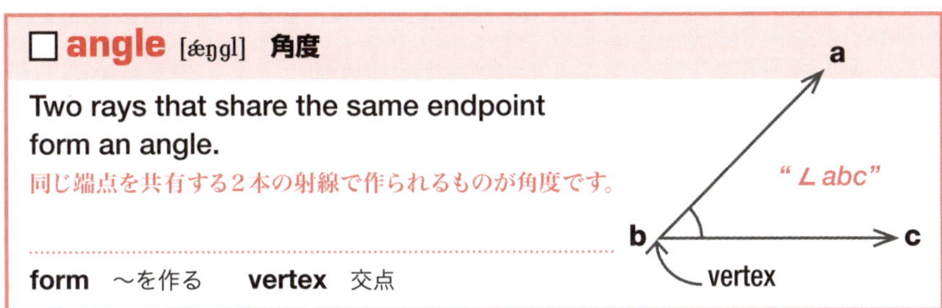

□ angle [ǽŋgl] 角度

Two rays that share the same endpoint form an angle.

同じ端点を共有する２本の射線で作られるものが角度です。

form ～を作る　**vertex** 交点

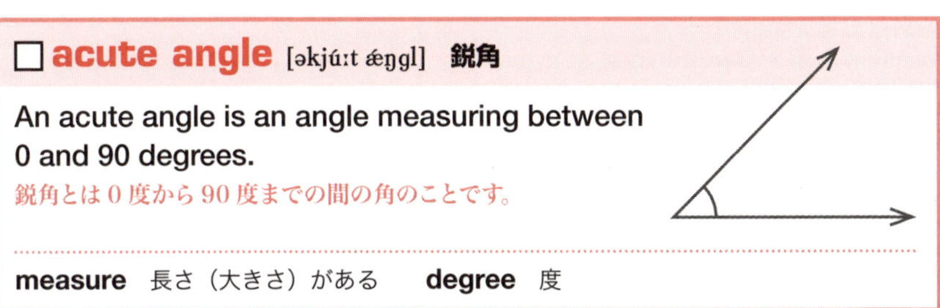

□ acute angle [əkjúːt ǽŋgl] 鋭角

An acute angle is an angle measuring between 0 and 90 degrees.

鋭角とは０度から90度までの間の角のことです。

measure 長さ（大きさ）がある　**degree** 度

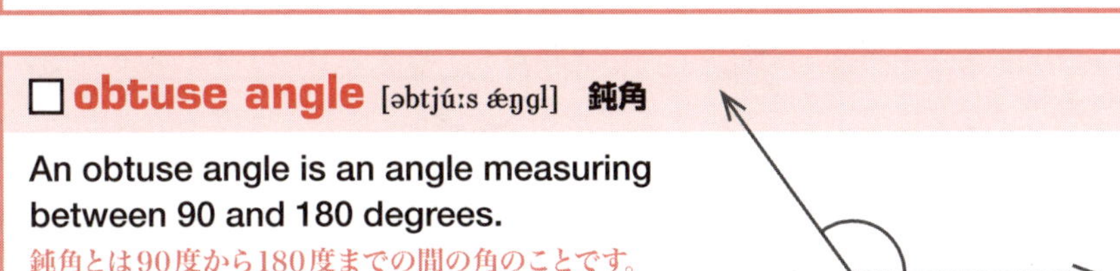

□ obtuse angle [əbtjúːs ǽŋgl] 鈍角

An obtuse angle is an angle measuring between 90 and 180 degrees.

鈍角とは90度から180度までの間の角のことです。

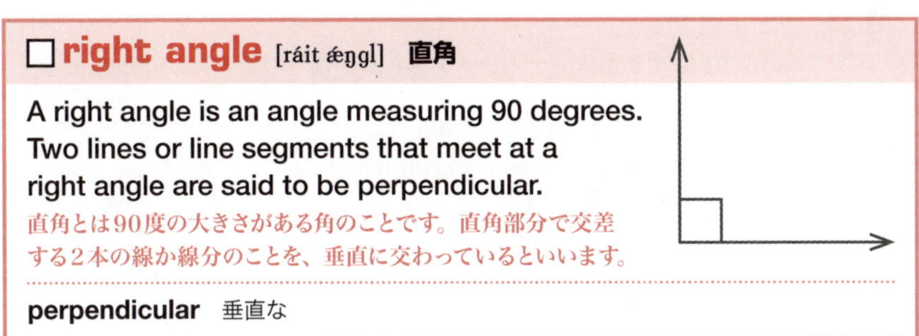

□ right angle [ráit ǽŋgl] 直角

A right angle is an angle measuring 90 degrees. Two lines or line segments that meet at a right angle are said to be perpendicular.

直角とは90度の大きさがある角のことです。直角部分で交差する２本の線か線分のことを、垂直に交わっているといいます。

perpendicular 垂直な

□ straight angle [stréit ǽŋgl] 平角

A straight angle is an angle measuring exactly 180°, which is a straight line.

平角とは、ちょうど180度の角のことです。
つまり、直線です。

exactly ちょうど

□ reflex angle [ríːfleks ǽŋgl] 優角

A reflex angle is an angle measuring greater than 180 degrees, but less than 360 degrees.

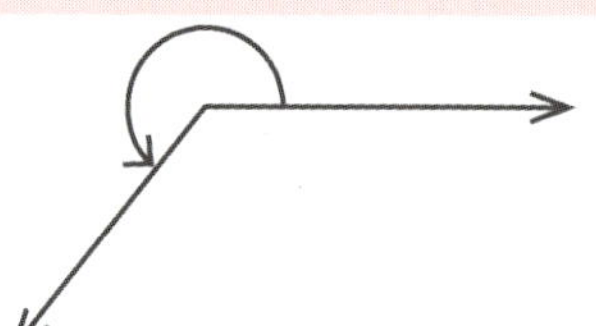

優角とは、180°より大きく、
360°より小さい角のことです。

greater than ～ ～より大きい

□ full angle [fúl ǽŋgl] 周角

A full angle is an angle measuring exactly 360 degrees, which is a circle.

周角とは、ちょうど360度の角のことです。
つまり、円です。

● 線

ここでは、「line」に関するフレーズやイディオムを紹介します。

□ **hold the line** 電話を切らないで待つ

Please hold the line. She will be back soon.
そのままお待ちください。彼女はすぐに戻ります。

□ **out of line** 調和しない、不適切で、言い過ぎで

You were out of line yesterday. 君、昨日は言い過ぎだったよ。

EXERCISES 練習問題

以下の問題に答えなさい。

Directions: Choose the names of angles from the word bank below.
角度の名前を下の語彙表から選びましょう。

______

______

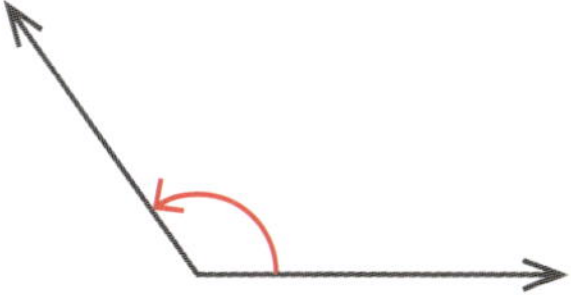

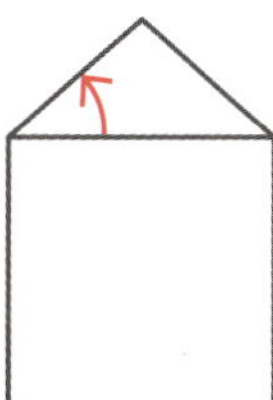

______

❹ ______

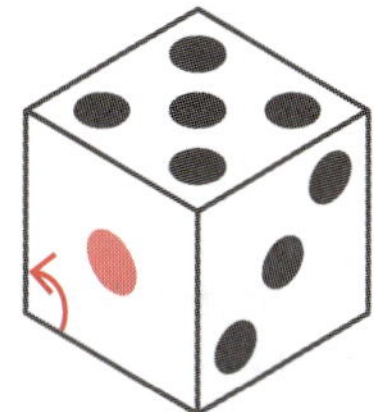

Word Bank

a. acute angle
b. obtuse angle
c. reflex angle
d. right angle

解答 ▶ 1. b　2. a　3. c　4. d

第3章

LESSON 12

Shapes and Space

図形と空間

Plane shapes 平面図形

三角形や円など、図形は小さいころから慣れ親しんできていますが、小学校で改めてそれらの名前と特徴を覚えます。二等辺三角形やひし形は英語で何というのでしょう。

□ plane [pléin] 平面

A plane is a two-dimensional object.
平面図形とは二次元上にある形のことです。

two-dimensional 二次元の　類 **flat surface** 平面

□ polygon [páligàn] 多角形

A polygon is a closed figure made by joining line segments.
多角形とは線分をつなげて作った閉じた形のことです。

closed figure 閉じた形

□ triangle [tráiæŋgl] 三角形

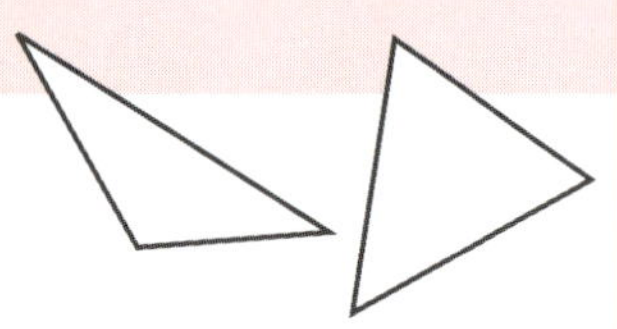

The sum of the angles of a triangle is 180 degrees.
三角形の内角の合計は180°です。

□ isosceles triangle [aisǽsəlì:z tráiæŋgl] 二等辺三角形

An isosceles triangle is a triangle with two equal sides.
二等辺三角形は2つの辺の長さが等しい三角形です。

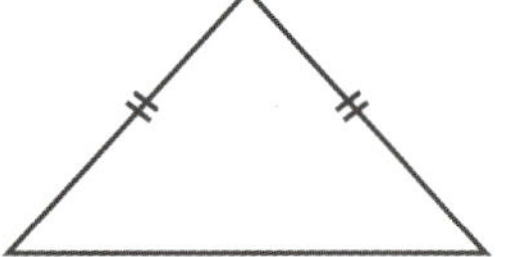

□ equilateral triangle [ikwilǽtərəl tráiæ̀ŋgl] 正三角形

In an equilateral triangle, all sides are same length.
正三角形では、すべての辺が同じ長さです。

side 辺 **length** 長さ

□ right triangle [ráit tráiæ̀ŋgl] 直角三角形

A triangle having a right angle is called right triangle. The side opposite of the right angle is called the hypotenuse.
直角をもつ三角形は直角三角形という。
直角三角形の直角の反対側にある辺を斜辺と呼びます。

hypotenuse 斜辺

□ quadrilateral [kwɑdrəlǽtərəl] 四角形

The sum of the angles of a quadrilateral is 360 degrees.
四角形の内角の合計は360度です。

□ rectangle [réktæ̀ŋgl] 長方形

A rectangle is a four sided polygon.
Every angle is a right angle.
長方形は4つの辺をもつ多角形です。全ての角が直角です。

□ square [skwέər] 正方形

A square has four equal-length sides.
正方形は4辺の長さが等しい。

第3章

□ parallelogram [pǽrəlèləgræ̀m] 平行四辺形

Parallelogram has two pairs of parallel sides.
平行四辺形は2対の平行な辺があります。

pair 対　**parallel** 平行

□ rhombus [rɑ́mbəs] ひし形

One of the properties of rhombus is that opposite sides are parallel and opposite angles are equal.
ひし形の特徴のひとつは、対辺が平行かつ対角が等しいことである。

property 特徴

□ trapezoid [trǽpəzɔ̀id] 台形

Trapezoid is a quadrilateral with one pair of opposite sides parallel.
台形は一対の辺が平行である四角形です。

□ pentagon [péntəgɑ̀n] 五角形

A pentagon is a five sided polygon.
五角形は5つの辺をもつ多角形です。

□ hexagon [héksəgən] 六角形

A hexagon is a six sided polygon.
六角形は6つの辺をもつ多角形です。

□ heptagon [héptəgɑ̀n] 七角形

A heptagon has seven straight lines.
七角形は7本のまっすぐな線を持っています。

☐ **octagon** [áktəgàn] **八角形**

An octagon is an eight sided polygon.
"Oct" means eight.
八角形は8つの辺をもった多角形です。"oct" とは8を意味します。

☐ **nonagon** [nánəgàn] **九角形**

A nonagon is a nine sided polygon.
九角形は9つの辺をもった多角形です。

☐ **decagon** [dékəgàn] **十角形**

A decagon is a ten sided polygon.
十角形は10の辺をもった多角形です。

☐ **hendecagon** [hendékəgàn] **十一角形**

A hendecagon is a eleven sided polygon.
十一角形は11の辺をもった多角形です。

☐ **dodecagon** [doudékəgàn] **十二角形**

A dodecagon is a twelve sided polygon.
十二角形は12の辺をもった多角形です。

☐ **hectogon** [héktəgàn] **百角形**

Hectogon is virtually indistinguishable in appearance from a circle.
百角形は事実上、円との区別がつきません。

virtually 事実上　**indistinguishable** 区別がつかない
in appearance 見ためは

第3章

□ circle [sə́ːrkl] 円

A circle is a shape with all points the same distance from its fixed point, the center.
円とは、定点である円の中心から全ての点が等距離にある形のことです。

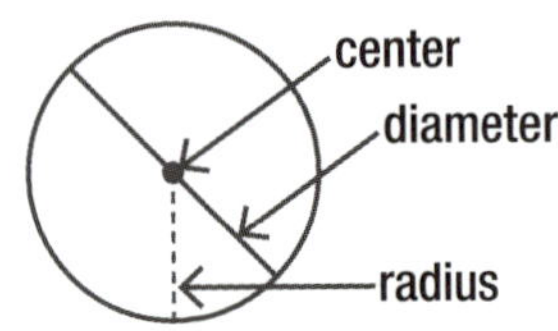

distance 距離　**fixed point** 定点　**center** 中心　**diameter** 直径
radius 半径

Solid figures 立体図形

立体図形には、柱、錐などありますね。それらの底面の形で名前が決まってくるのは日本語でも英語でも同じです。

□ solid [sálid] 立体

A solid figure is a three-dimensional object. Edges are the intersection of faces in a three-dimensional figure.
立体図形とは三次元の物体のことです。
立体において、辺は２つの面が交わるところのことです。

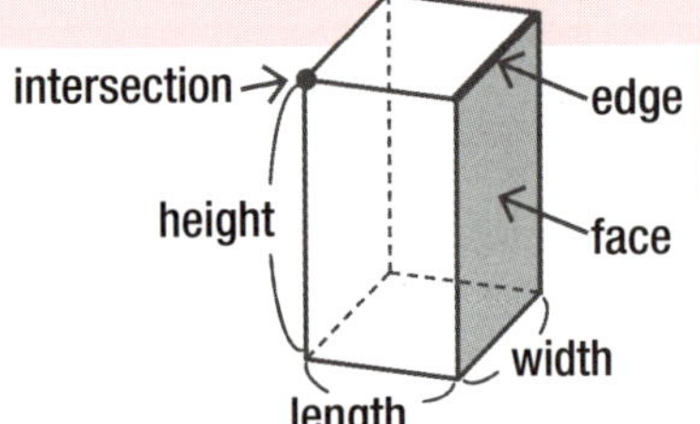

three-dimensional 三次元の　**edge** 辺　**intersection** 交点
face 面　**height** 高さ　**width** 幅　**depth** 奥行き
類 **space** 空間

□ prism [prízm] 角柱

A prism has two congruent, parallel bases that are polygons. In a prism, the size and shape of the cross-section is always the same. They are named after the shape of their base.

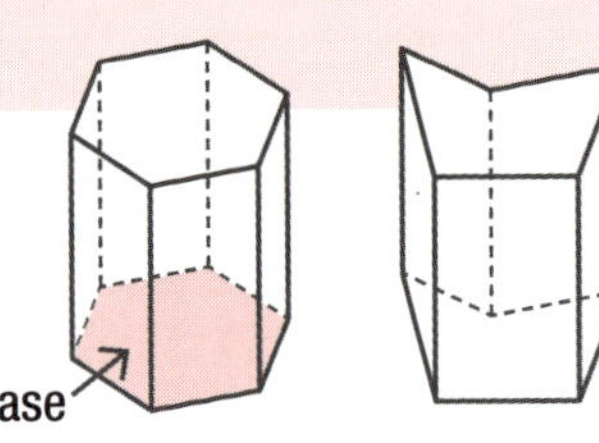

角柱には合同でかつ平行の２つの多角形の底面があります。角柱において、横断面の大きさと形はいつも同じです。底面の形から名前がつけられています。

base 底面　**cross-section** 横断面

□ triangular prism [traiǽŋgjulər prìzm] 三角柱

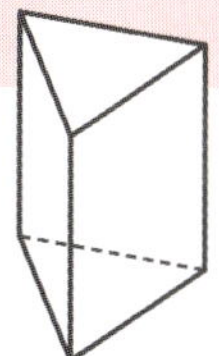

The three-sided prism with a triangular base is called a triangular prism.
三角形の底面と3つの側面をもった角柱を三角柱といいます。

□ square prism [skwέər prìzm] 四角柱

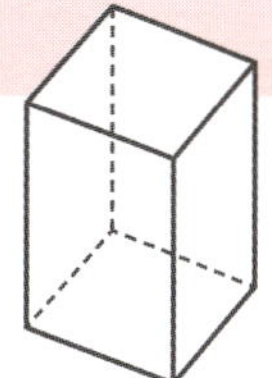

A square prism has a square base.
It is also called cuboid.
四角柱の底面は四角形です。また、直平行六面体とも呼ばれます。

□ cube [kjuːb] 立方体

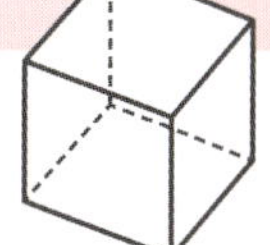

A square prism which has square lateral surfaces is a cube.
正方形の側面を持つ四角柱は立方体といいます。

lateral 側面

□ pentagonal prism [péntəgànəl prìzm] 五角柱

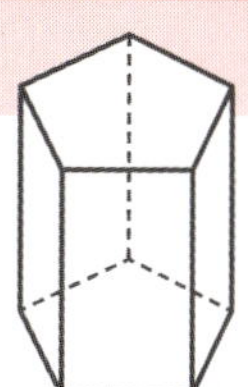

A pentagonal prism is a prism with a pentagonal base.
五角柱は五角形の底面を持つ角柱です。

□ pyramid [pírəmìd] 角錐

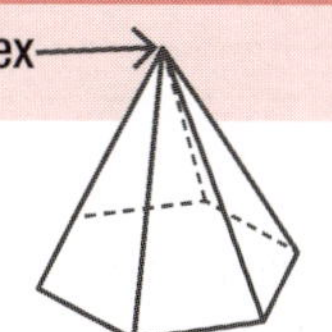

A pyramid is made by connecting a base to an apex.
角錐は底面と頂点を結んでできています。

apex 頂点

□ triangular pyramid [traiǽŋgjulər pírəmìd] 三角錐

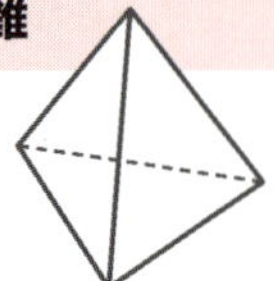

If all four faces are identical equilateral triangles, the triangular pyramid is a regular tetrahedron.
全ての面が同一の正三角形の場合、その三角錐は正四面体です。

regular tetrahedron 正四面体

□ square pyramid [skwέər pírəmìd] 四角錐

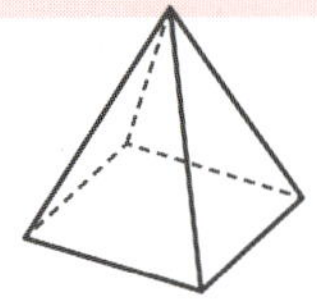

A square pyramid has a square base.
四角錐は底面が四角形です。

□ pentagonal pyramid [péntəgànəl pírəmìd] 五角錐

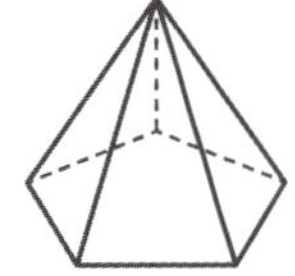

A pentagonal pyramid has five triangular side faces and a pentagonal base.
五角錐は５つの三角形の側面と五角形の底面を持っています。

□ sphere [sfíər] 球

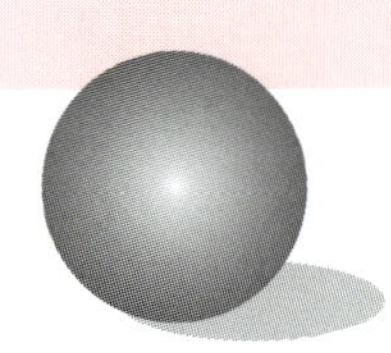

A sphere is formed by all points that are a certain distance away from the center.
球は、中心から全く同じ距離の点の集まりによって形づくられています。

point 点

□ cylinder [sílindər] 円柱

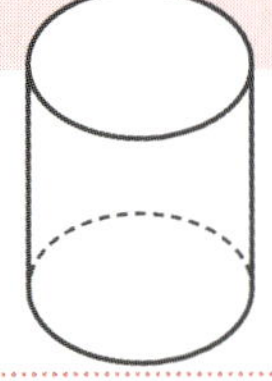

A cylinder has one curved side and two identical flat ends that are circular or elliptical.
円柱はひとつながりの曲面でできた側面と２つの全く同じ円か楕円を底面と上面に持っています。

identical 全く同じ　**elliptical** 楕円形の

□ **cone** [kóun] **円錐**

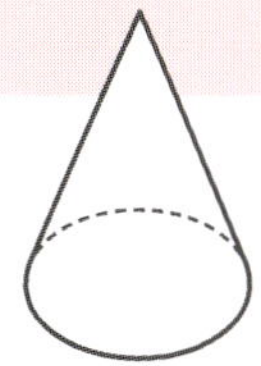

Cone is a mix of curved and flat surfaces.
円錐は曲線と平面の融合体です。

mix 融合体　**curved** 曲線状の

● 形

ここでは、「shape」に関するイディオムやフレーズを紹介します。「shape」は形に関する意味だけでなく、体の調子や態度の良し悪しといった心身のあり方についても表現する言葉でもあります。「こころ」と「からだ」は密接に繋がっていますものね。よく耳にする「shape up」は、はたしてどういう意味なのでしょう。

□ **in good shape** **快調で、健康な**
You must be in good shape.
とてもお元気そうで。

□ **out of shape** **不調で、不健康な**
I saw the doctor yesterday because I was out of shape.
昨日、調子が悪かったので病院に行った。

□ **shape up** **きちんとふるまう、体を鍛える、意見をまとめる**
She promised her mother to shape up and stay out of trouble.
彼女はきちんと行動し、トラブルを起こさないと母親に約束した。

□ **take shape** **具体化する**
Our travel plans are beginning to take shape.
私たちの旅行の計画も具体的になってきましたね。

□ **bent out of shape** **ふらふらになって、怒る**
You have no reason to get so bent out of shape.
そんなに怒ることないじゃない。

EXERCISES 練習問題

以下の問題に答えなさい。

Directions: Identify the name of shapes after the each operation. Choose words from the word bank.

Q1. Cut an equilateral triangle in half.

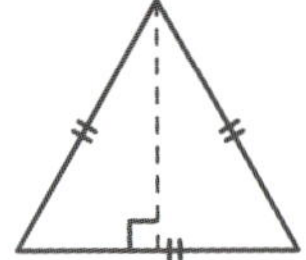

Q2. Fold a square Origami paper into halves.

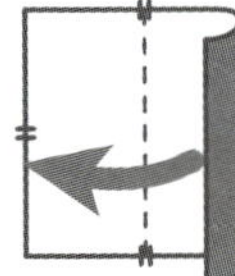

Q3. Divide a hexagon into two equal parts.

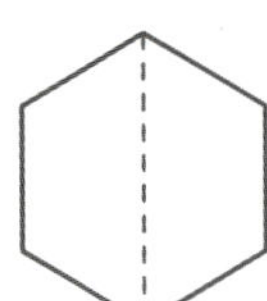

Q4. Divide a sphere equally into two parts.
Clue: The Southern Hemisphere is the half of a planet that is south of the equator

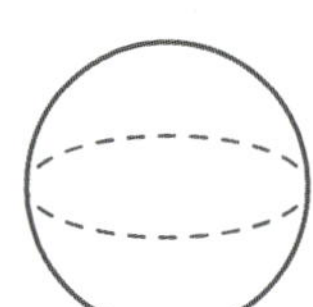

Q5. Divide a rhombus into quarters.

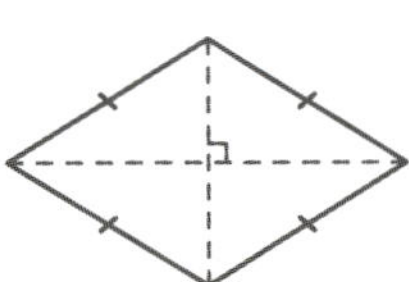

Word Bank

a. right triangle	b. rectangle	c. hemisphere
d. trapezoid	e. rhombus	f. isosceles triangle

訳と答え

それぞれの操作をした後の図形の名前を求めなさい。語彙表から選びなさい。

問1. 正三角形を２等分しましょう。

解答 ▶a

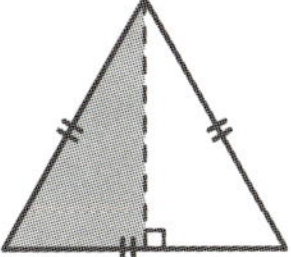

問2. 正方形の折り紙をふたつに折りましょう。

解答 ▶a b f

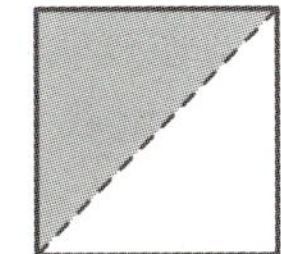

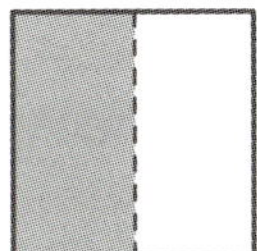

問3. 六角形を２等分しましょう。

解答 ▶d

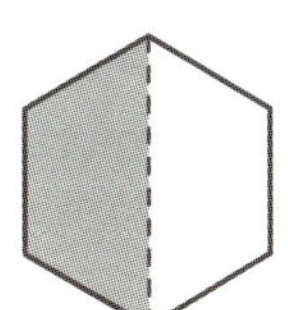

問4. 球体を２等分しましょう。

ヒント：南半球とは地球の赤道の南側半分のことです。

解答 ▶c

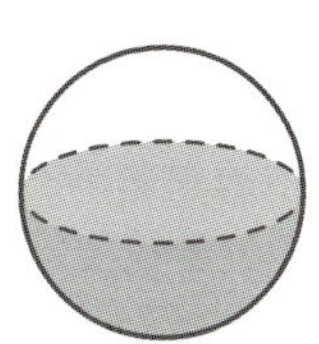

問5. ひし形を４等分しましょう。

解答 ▶a

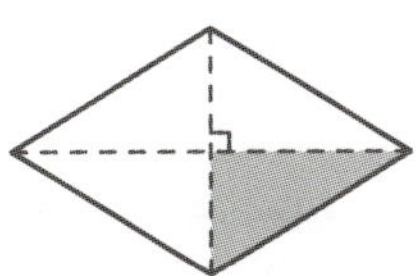

語彙表

a. 直角三角形	b. 長方形	c. 半球
d. 台形	e. ひし形	f. 二等辺三角形

第3章

LESSON 13

Measurement

測定

Perimeter　周辺の長さ

アメリカでは図形の周辺の長さは、面積の問題とともによく出題されます。授業では、教室の周りの長さをはかったり、日本の学校でもよく見られるアクティビティをして学びます。

□ perimeter [pərímətər]　周の長さ

A perimeter is the distance around a two-dimensional shape.
周辺の長さとは平面図形の周りの距離のことです。

□ circumference [sərkʌ́mfərəns]　円周

A circumference is the distance around a circle.
円周とは円の周りの距離のことです。

Circumference = $2\pi r$

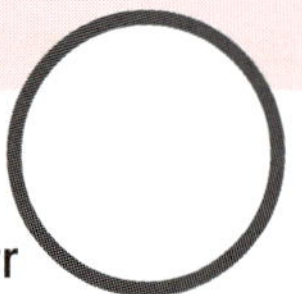

Area　面積

図形の面積の公式は、覚えていないとテストでは解けません。ところが、アメリカの小学校では、この公式がテスト問題と一緒に書いてあることがよくあります。アメリカでは、公式を丸暗記するよりも、なぜそういう公式なのかを理解していることの方が大事なようです。

□ area [éəriə]　面積

Triangle：三角形の面積（底辺 × 高さ ÷ 2）

Area = $\frac{1}{2}$b × h　読み方：The area equals one half b times h
b = base
h = vertical height

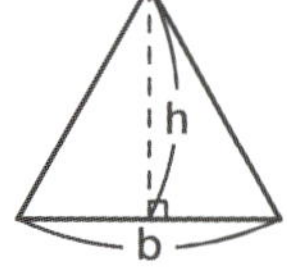

Square：正方形の面積（1辺の長さの2乗）

Area = a^2　読み方：The area equals a squared
a = length of side

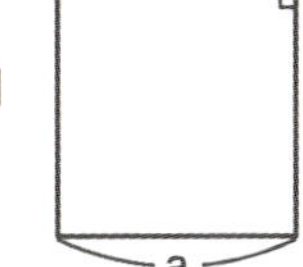

Rectangle：長方形の面積（タテ × ヨコ）

Area = w × h　読み方：The area equals w times h
w = width
h = height

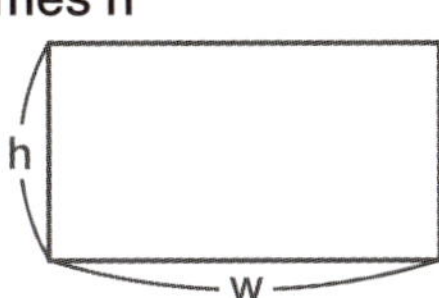

Trapezoid：台形の面積（(上辺+下辺) × 高さ ÷ 2）

Area = $\frac{1}{2}(a+b) \times h$　読み方：The area equals one half times the sum of a plus b times h
h = vertical height

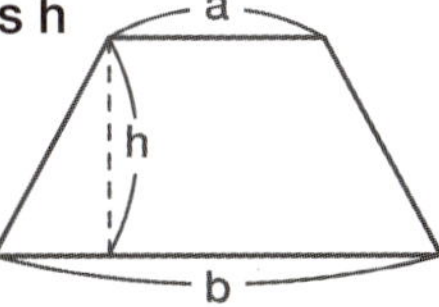

Circle：円の面積（半径の二乗 × 円周率（π））

Area = πr^2　読み方：The area equals pie times r squared.
r = radius

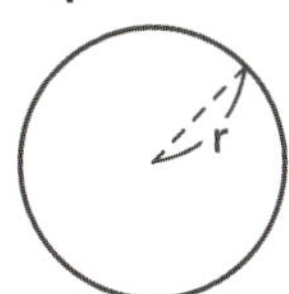

□ squared [skwέərd]　2乗の、平方の

4 squared is equal to 16.
4の2乗は16です。

□ square centimeter [skwέər séntəmìːtər]　平方センチメートル

The area of the triangle is 6 square centimeters.
その三角形の面積は6 cm^2 です。

※ square のあとの単位を変えるだけで「平方～」と面積を表す単位になります。
（例）square inches（平方インチ）、square feet（平方フィート）

Volume 体積

体積も面積と同様に、公式の丸暗記は不要な事が多いようです。体積を表す単位「cubic ～（立方～）」は、立方体がその立体図形にいくつ入っているかという考え方がもとになっています。日本語と同じですね。

□ volume [válju:m] 体積

Rectangular prism：四角柱の体積（底面積 × 高さ）

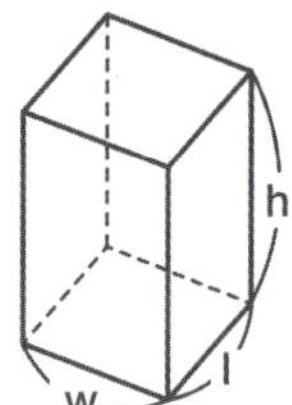

Volume = $l \times w \times h$
l = length
w = width
h = height

：The volume equals l times w times h.

Triangular prism：三角柱の体積（底面積 × 高さ）

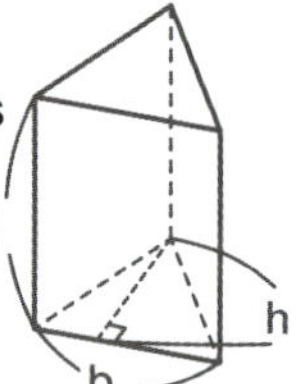

Volume = $\frac{1}{2}(bh)l$
b = base
h = height
l = length

：The volume equals b times h divided by 2 times l

Square based pyramid：正四角錘の体積（底面積 × 高さ ÷ 3）

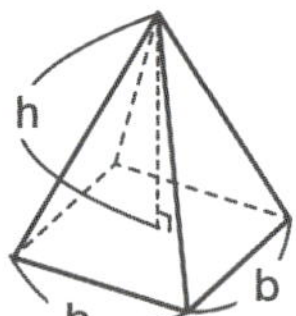

Volume = $\frac{1}{3}b^2h$
b = base
h = height

：The volume equals b squared times h divided by 3

Cylinder：円柱の体積（底面積 × 高さ）

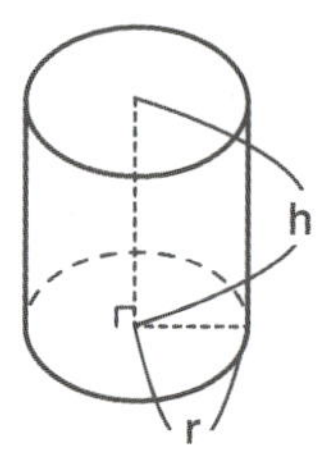

Volume = πr^2h
r = radius
h = height

読み方：The volume equals pie times h times r squared

□ cubed [kjú:bd] 3乗の、立方の

8 cubed is five-hundred and twelve.
8の3乗は512です。

□ cubic meter [kjúːbik mìːtər] 立方メートル

A cubic meter is 1 meter times 1 meter times 1 meter.

1m³ は 1m × 1m × 1m です。

※ cubic のあとの単位を変えるだけで「立方〜」と体積を表す単位になります。
（例）cubic centimeter（立方センチメートル）、cubic yard（立方ヤード）

図形では略された単位で表記されることが多いので、以下にまとめておきます。（ ）内は複数形。

in.	inch(es)	インチ
ft	foot (feet)	フィート
yd	yard(s)	ヤード
mi	mile(s)	マイル

第3章

LESSON 14

Transformation

図形の移動

ここでは３種類の図形の移動の仕方を紹介します。普段の生活でも使われる言葉で説明されるので簡単に覚えられますよ。

□ transformation [trænsfərméiʃən] 変換

Transformation involves moving an object from its original position.
図形の移動とは、図形を元の位置から動かすことです。

position 位置

□ rotation [routéiʃən] 回転

Rotation means turning around a center.
回転とは、中心のまわりを回ることです。

"turn"

turn 回転させる

□ reflection [riflékʃən] 反転

Reflection means flipping the shape across a line.
反転とは、線を軸に向こう側へひっくり返すことです。

"flip"

flip ひっくり返す

□ translation [trænzléiʃən] 平行移動

Translation means sliding a shape.
平行移動とは、図形を横に滑らせることです。

"slide"

slide 滑らせる

☐ congruent [káŋgruənt] 合同

The symbol for congruence is ≅.
合同の記号は≅です。

☐ pre-image [priːímidʒ] 前イメージ

The object in the original position is called the pre-image. The shape still has the same size, area, angles and line lengths.
元の位置にあった図形を前イメージと呼びます。その図形の大きさ、面積、角度、辺の長さは変わりません。

size 大きさ　**line length** 辺の長さ

☐ similar [simələr] 相似

When two shapes are similar, corresponding angles are equal and the lines are in proportion.
２つの図形が相似である時、対応する角度は等しく、対応する辺は比例しています。

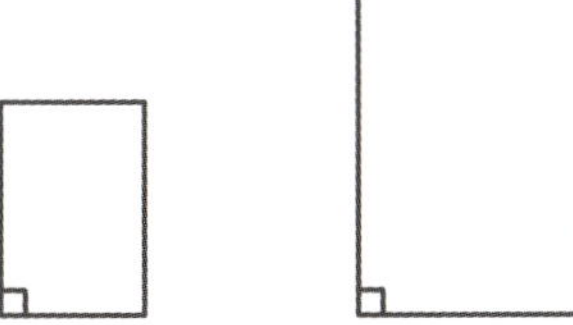

correspond 対応する　**in proportion** 比例して

☐ resize [risáiz] サイズを変更する

Resizing means to make a shape bigger or smaller; it is still similar.
サイズ変更とは、図形を大きくしたり小さくしたりすることですが、その図形は相似です。

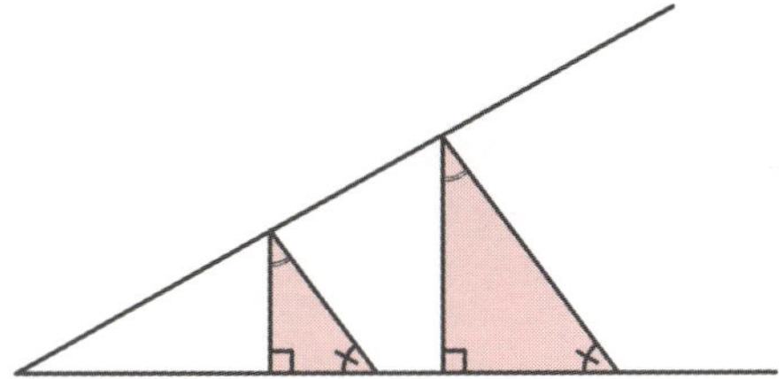

● 移動

「turn」や「flip」、「slide」などは、日常生活でもとてもよく出てくる単語です。ここでは、それらを使ったフレーズやイディオムを紹介します。

□ **in one's turn** ～の順番になって
You throw the dice in your turn.
あなたの番がきたら、サイコロをふってね。

□ **turn around** 振り向く
The woman who turned around was not my sister.
振り向いた女性は私の姉ではなかった。

□ **turn out** ～の結果になる
I hope everything turns out all right.
全てがうまくいきますように。

□ **turn thumbs up** 賛成する
Everyone turned thumbs up upon Jim as the new leader.
ジムが新しいリーダーになることを全員が賛成した。

□ **flip-flops** [flip flɑps] ビーチサンダル
Flip-flops originated from Japanese zori.
ビーチサンダルは日本の草履に源を発しています。

□ **flip over** ～に夢中になる、～のことでひどく興奮する
The audience really flipped over the special guest.
観客はスペシャルゲストに大喜びだった。

□ **let ~ slide** ～を成り行きにまかせる
Don't let things slide.
成り行きに任せていてはだめ。

□ **slide against** （通貨に対して）下落
The US dollar continues to slide against major currencies.
米ドルは主要な通貨に対して下落を続けている。

EXERCISES 練習問題

以下の問題に答えなさい。

Directions: Identify the correct type of transformation. Use the word bank below.
それぞれの絵が図形の移動のどれを表すか書きましょう。下の語彙表を活用してください。

❶ ______

❷ ______

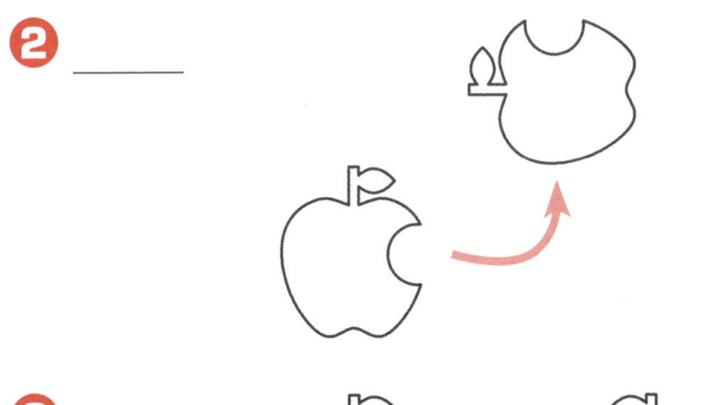

❸ ______

Word Bank

a. translation　　b. rotation　　c. reflection

解答 ▶ 1. a　2. b　3. c

第3章

Column 3

Origami Geometry
折り紙幾何学

アメリカの小学校では算数の時間に折り紙を取り入れる先生が増えてきました。日本の伝統的文化のひとつとして、国際交流に一役買っている「origami」ですが、算数の授業にも取り入れられる教材としても脚光を浴び始めています。

折り紙は、「paper folding」ともいいますが、今では「origami」が市民権を持ちつつあります。大学の数学科などでも折り紙の研究をしているところがあり、学術系国際大会も1989年のイタリア会議を皮切りに日本やアメリカなどでも開催されています。

では、「origami」をする際にどのような算数用語が出てくるのか、少しおさらいしてみましょう。

[分数] $\frac{1}{2}$ (one half)、$\frac{1}{3}$ (one third)、$\frac{1}{4}$ (one quarter)、**in half** (半分に)

[図形] **symmetry** (対象)、**faces** (面)、**edge** (接線)、**square** (正方形)、**triangle** (三角形)、**rectangle** (長方形)

[その他] **fold** (折る)、**unfold** (開く)、**crease** (折り目)、**corner** (角)、**turn over** (ひっくり返す)

それでは、ひとつ簡単な「origami」を英語で折ってみましょう。

❶ **Fold a square paper in half to make a triangle.**
正方形の紙を半分に折って、三角形を作ります。

❷ **Fold a triangle in half to make a crease.**
三角形を2つに折って折り目を作ります。

❸ **Fold in the dotted lines.**
線のところを折ります。

❹ **Fold in the dotted line.**
線のところを折ります。

❺ **Turn it over.**
ひっくり返します。

❻ **Draw a face and finished.**
顔を描いて出来上がり。

❼ **You have a cat!**

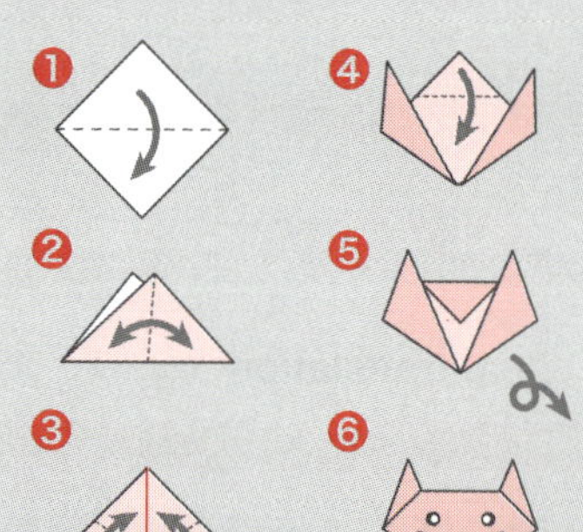

第4章

Statistical Graphs
統計グラフ

グラフについて勉強します。
誰もが知っている円グラフや棒グラフに加え、
見たこともないような変わったグラフまで紹介します。

LESSON 15

Graphs

グラフ

小学生は、食べ物やスポーツなど身近なものを使ってグラフやチャートを学んでいきます。さまざまな図表の名前と、それぞれの図表に出てくる統計に関する言葉にも触れていきましょう。

□ **graph** [græf] グラフ

Graphs and charts are often used in newspapers, magazines and businesses around the world because they communicate information visually.

グラフやチャートは視覚的に訴えることができるため、新聞、雑誌、そしてビジネスの分野において世界中で広く使われています。

chart 図表　**communicate** コミュニケーションをとる

visually 視覚的に

□ **pictograph** [píktəgræf] ピクトグラフ

A pictograph uses symbols or pictures to represent data. A key tells what the symbol represents.

ピクトグラフは記号や絵でデータを表します。記号が何を意味するかを、キーで知らせます。

Fifth-Grade distribution

Teacher

Ames

Cox

Lee

Student per class

Key

Each represents 5 students

represent ～を表す　**key** キー（手がかりになるもの）

fifth grade ５年生　**distribution** 分布

☐ line plot [lain plát] 線図

A line plot is a graph that shows the frequency of data along a number line.

線図とは、数直線の上に頻度を表すデータを示したグラフのことです。

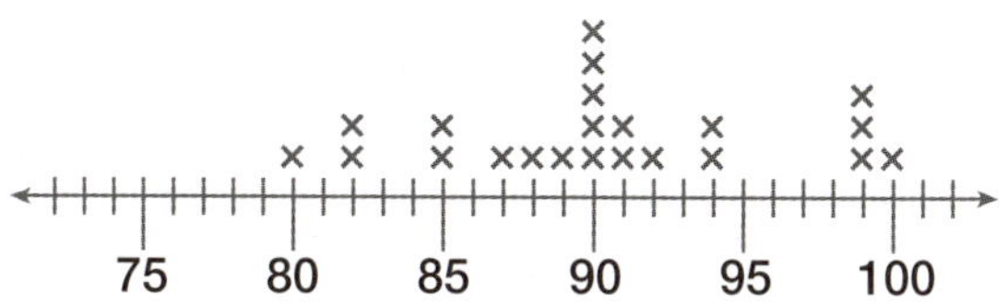

frequency 頻度　**along** ～に沿って　**test score** テストの点数

☐ stem-and-leaf plot [stém ənd liːf plát] 幹葉図

A stem-and-leaf plot is a plot where each data value is split into a “leaf” (usually the last digit) and a “stem” (the other digits). The “stem” values are listed down, and the “leaf” values go right (or left) from the stem values.

幹葉図は、それぞれの数値が葉（通常一番小さい位）と幹（他の数）に分かれている図のことです。幹の値は上から下に表記され、葉の値は幹から右（または左）に向かって表記されます。

Test scores

Stem	Leaf
8	1 2 2 5 5 5 7 8 9
9	0 0 0 0 0 1 1 2 4 4 9 9 9
10	0

8 | 1 represents 81

※この幹葉図では、あるクラスのテスト結果がまとめてあります。テストの点は、以下の通りです。（計 23 人）

81	82	82	85	85	85	87	88	89				
90	90	90	90	90	91	91	92	94	94	99	99	99
100												

list 載せる

□ back-to-back stem-and-leaf plot [bǽk tu bǽk stem ənd liːf plɑ́t] 背中合わせ幹葉図

A back-to-back stem-and-leaf plot is used if two sets of related data with similar data values are to be compared.
背中合わせ幹葉図は似たような2セットのデータを比べるときに使われます。

Math Test scores

Mr. Lee's class	Stem	Mrs. Cox's class
0	7	0 9 9 9
9 9 5 1 0 0	8	5 5 8 8 8 8 9
6 6 5 3 2 2 0	9	0 1 1 3 3 5 6 7 7 8 9 9
0	10	0 0

0 | 10 | represents 100 | 7 | 0 represents 70

related 関係のある **similar** 似ている **compare** 比べる

□ box-and-whisker plot (box plot) [bɑ́ks ənd *h*wiskərplɑ́t] 箱ひげ図

A box-and-whisker plot is a graph that presents the data in terms of five numbers: the median, upper and lower quartiles, and minimum and maximum values. It shows where the data are spread out and where they are concentrated.
箱ひげ図ではデータ値を中央値、上下の四分位、最小値、最大値といった5つの数字だけで要約しており、データの広がり具合や集中度が一目でわかるようになっています。

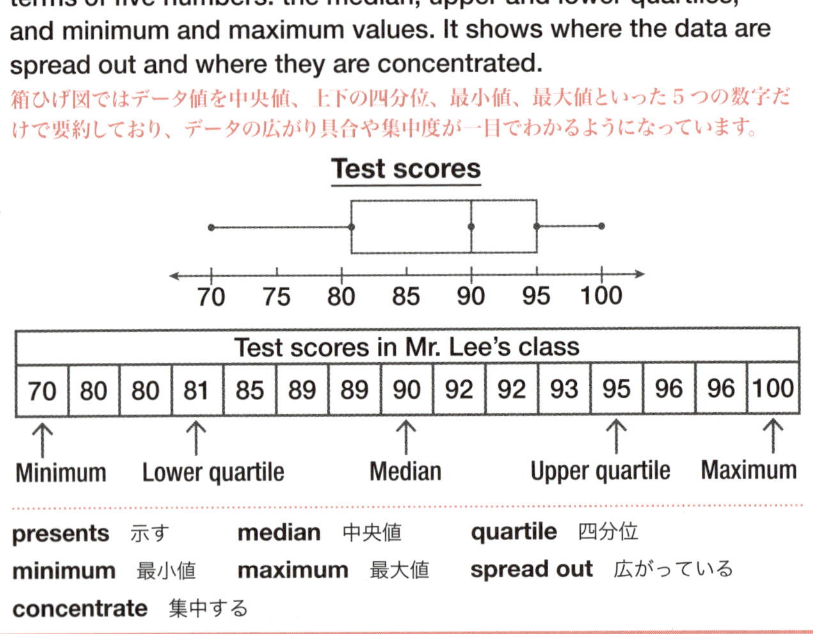

Test scores in Mr. Lee's class														
70	80	80	81	85	89	89	90	92	92	93	95	96	96	100

↑ Minimum (70)　↑ Lower quartile (81)　↑ Median (90)　↑ Upper quartile (95)　↑ Maximum (100)

presents 示す **median** 中央値 **quartile** 四分位
minimum 最小値 **maximum** 最大値 **spread out** 広がっている
concentrate 集中する

□ frequency table [friːkwənsi teibl] 頻度の集計表

A frequency table shows how many times a certain piece of data occurs.

頻度の集計表はあるデータが何回起こったかを表します。

Cups of coffee sold

Day	Tally	Frequency
Monday	𝍸 𝍸 𝍸 |	16
Tuesday	𝍸 𝍸 |||	13
Wednesday	𝍸 𝍸 𝍸 𝍸 |||	23
Thursday	𝍸 𝍸 |	11
Friday	𝍸 𝍸 |||	13

tally タリー

□ histogram [hístəgræ̀m] ヒストグラム

A histogram is a graph that shows how frequently the data occur within certain ranges or intervals.

ヒストグラムはある特定された範囲や期間にどれくらいの頻度でそのデータが起きたのかを示すグラフです。

Number of children visited an aquarium

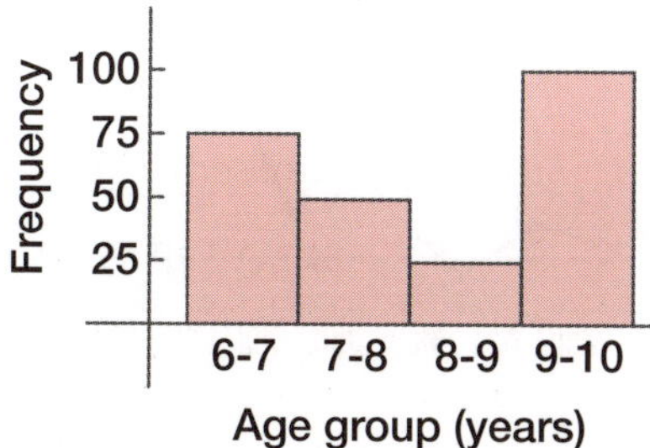

certain 特定された　**range** 範囲　**interval** 期間　**aquarium** 水族館

第4章

☐ bar graph [bɑ́ːr græf] 棒グラフ

A bar graph displays discrete data in separate columns.
棒グラフは個別のデータを間隔をあけた棒で表します。

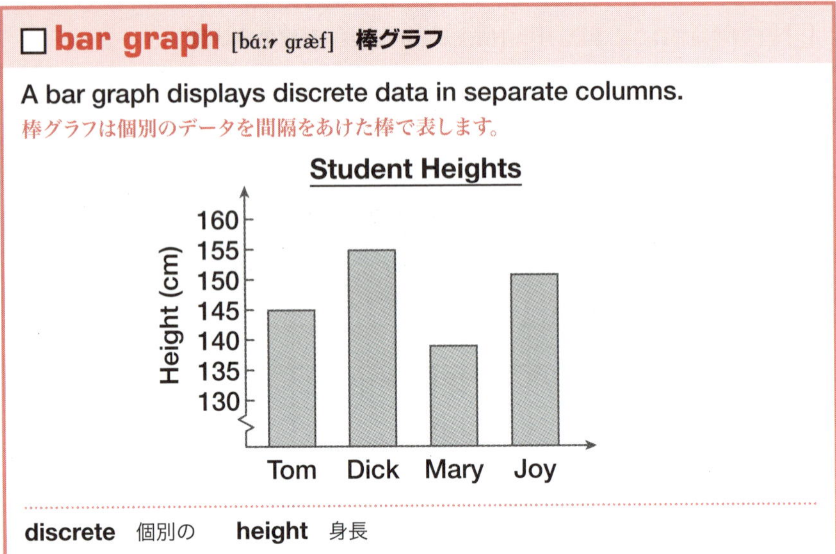

discrete 個別の　**height** 身長

☐ line graph [láin græf] 折れ線グラフ

A line graph is a graph that uses points connected by lines to show how something changes in value as time goes by.
時間の経過などで移り変わるデータを表す点を線で結んだグラフのことです。

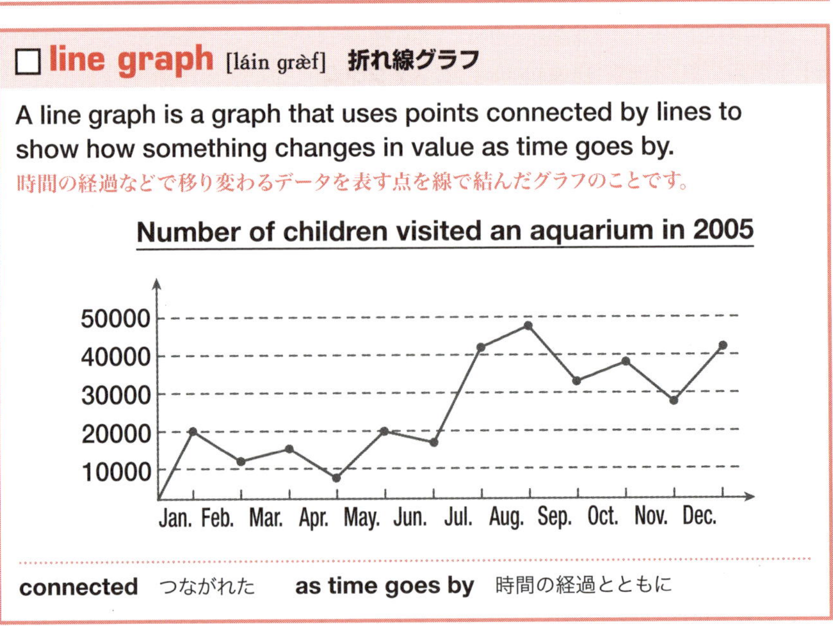

connected つながれた　**as time goes by** 時間の経過とともに

□ pie chart / pie graph [pái tʃɑ̀ːrt/pái græf] 円グラフ

A pie chart is a circular chart divided into sectors. Each sector shows the relative size of each value.

円グラフは、扇状に分割された円状の図表のことです。それぞれ分割された部分は、割合を表します。

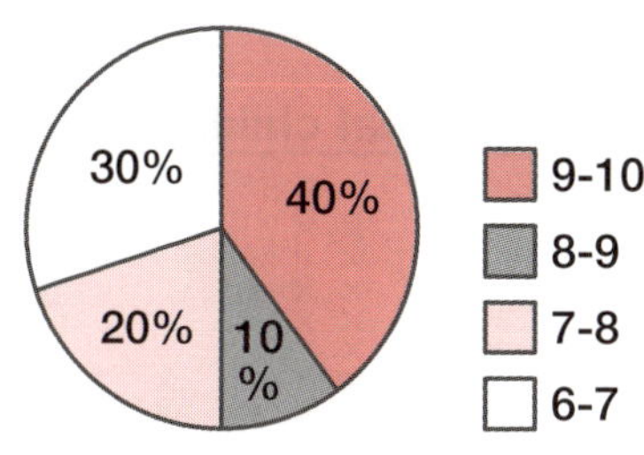

circular 円の　**sector** 扇形の部分　**relative** 相対的な

□ XY graph [eks wái græf] 座標グラフ

An XY graph is a graph that is used to plot data pairs

座標グラフは対となったデータの位置を描いたものです。

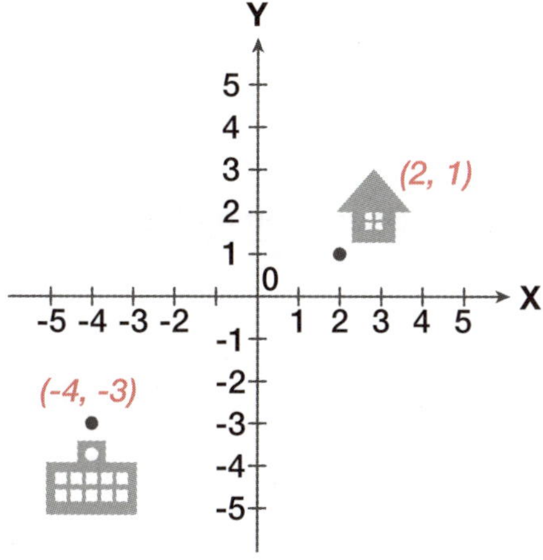

plot （グラフを）描く

以下の問題に答えなさい。

Q1. Mrs. Lansdown surveyed how many chocolates children got trick-or-treating. The result is shown as below. How many children were surveyed?

Number of chocolates that children got Trick-or-treating

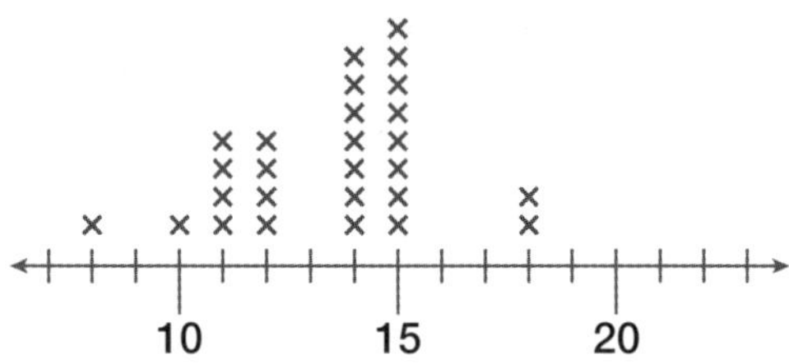

Q2. Complete a stem-and-leaf plot for the following list of scores on a class test:

73, 43, 65, 78, 84, 99, 84, 67, 82, 94, 87, 90

Clue: List the scores from the least to the greatest.

Scores on a class test

訳と答え

問 1. ランスダウン先生はハロウィンの夜、子供たちがチョコレートをどのくらいもらったのかを調べました。結果は下にあります。何人の子供が調査の対象でしたか？

子どもたちがトリックアンドトリートでもらったチョコレートの数

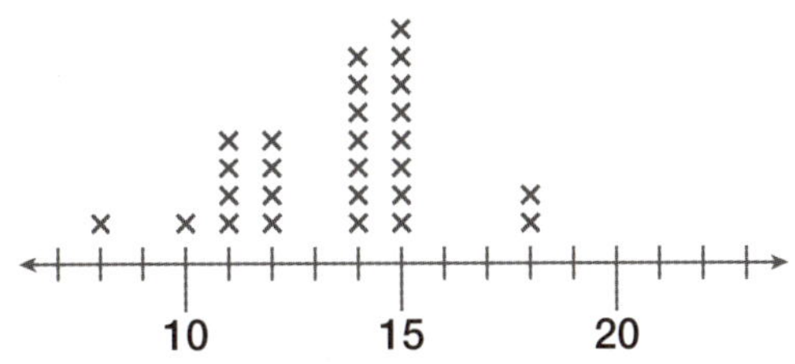

解答 ▶ 1 + 1 + 4 + 4 + 7 + 8 + 2 = 27（人）

問 2. クラスのテストの結果を表す幹葉図を仕上げましょう。

73, 43, 65, 78, 84, 99, 84, 67, 82, 94, 87, 90

ヒント： 点数を小さいほうから大きいほうに順に並べます。

クラステストの点数

幹	葉
4	3
5	
6	5 7
7	3 8
8	2 4 4 7
9	0 4 9

第4章

Q3. Complete the frequency table below.

Favorite Sport	Tally	Frequency
Basketball	𝍸	
Swimming		3
Tennis		2
Baseball	𝍸 |||	
Soccer		11

Favorite sport 好きなスポーツ **Tally** タリー **Frequency** 頻度
Basketball バスケットボール **Swimming** 水泳 **Tennis** テニス
Baseball 野球 **Soccer** サッカー

Q4. A pet shop owner surveyed a hundred people what animals they like. The results are shown below.

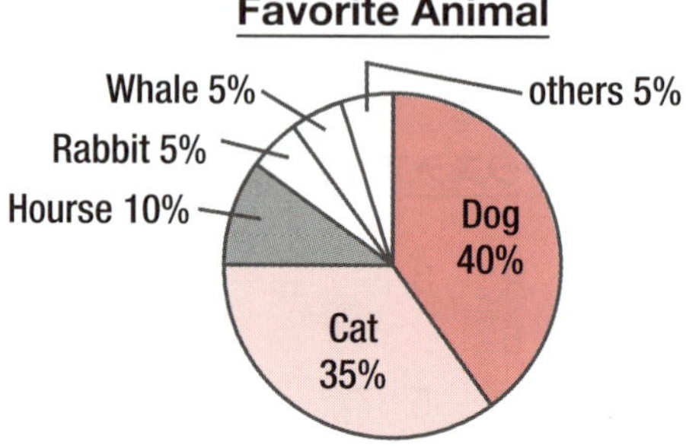

How many people answered that they like cats?

whale くじら **others** その他 **survey** アンケートをとる

訳と答え

問 3. 下の頻度集計表を完成させましょう。

好きなスポーツ	タリー	頻度（人）
バスケット	𝍸	5
水泳	|||	3
テニス	||	2
野球	𝍸 |||	8
サッカー	𝍸 𝍸		11

問 4. ペットショップのオーナーが100人に好きな動物は何かアンケートをとりました。結果は以下の通りです。

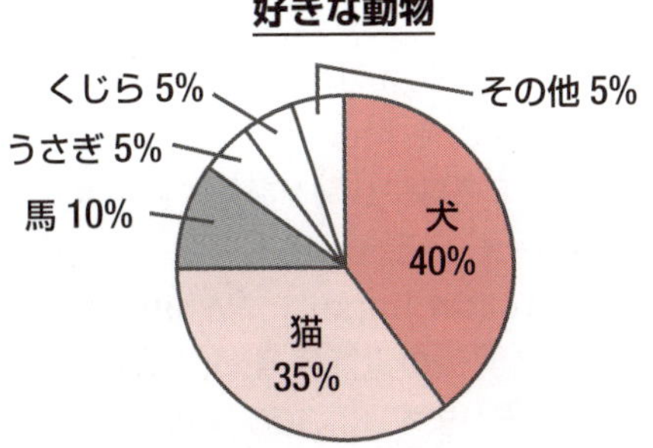

猫が好きと答えた人は何人でしたか。

解答 ▶100 × 0.35 = 35（人）

第4章

Mailing Address & Telephone Number
住所と電話番号

アメリカに手紙を出したことはありますか。封筒やポストカードには、はじめに相手の名前、番地と道の名前、街の名前、州名、郵便番号、国名の順で住所や宛名を書きますね。日本とは完全に逆です。

Mr. Joe Garfield（宛名）
875 Strawberry st.（番地と道の名前）
Monterey, CA 93940（街、州、郵便番号）
USA（国名）

VIA AIR MAIL

アメリカの家の前にはそれぞれの番地が表記されていますが、名前の表札はありません。郵便配達人は番地だけを見て郵便物を配るので、宛名があだ名でも届きます。ただし、あだ名で出すのは親しい人だけにしてくださいね。

さて、その番地の読み方です。875を例にすると、「eight seven five」となります。数字をひとつひとつ読むのですね。郵便番号（英語では「zip code」）も同様に93940は、「nine three nine four zero」のように読みます。州名は「California」なら「CA」と略称で表します。略した州名は郵便物以外にもいろいろ使われるので、覚えておくと便利です。

次に電話番号の読み方です。例えば、(202) 456-1414は「two zero two, four five six, one four one four」と、これも数字をひとつずつ読んでいきます。ハイフン (-) のところは少し間をあけて読みましょう。

市外局番は「area code」といいます。日本の電話帳（英語では「phone book」）にあたるものに「Yellow Page」と「White Page」があります。「Yellow Page」は、ビジネス関係の電話番号が、「White Page」は、登録している個人の番号が載せてあります。1-800「one eight hundred」で始まる番号は通話料無料（英語では「toll free」）です。

緊急連絡時の番号「emergency call number」は、警察も消防も911「nine one one」です。救急車の前に書いてある「AMBULANCE」の文字は、前の車のバックミラーに映ったときに、すぐに救急車だとわかるよう反転して記されています。

第 5 章

Assessment Test

実力テスト

アメリカの小学生が受けるテストに挑戦します。
様々な州の州立テストをもとに、
独自のテストを制作しました。
実力試しに辞書を使わずに解いてみてください。

Numbers

1 WHICH DIGIT IS IN THE TENS PLACE IN THE NUMBER THREE HUNDRED FIFTY-TWO?

352

A	B	C	D
2	3	4	5

---

2 WHAT FRACTIONAL PART OF THIS FIGURE IS COLORED?

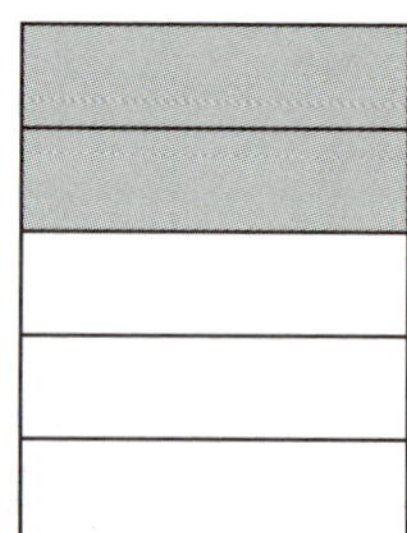

A	B	C	D
$\frac{2}{5}$	$\frac{1}{2}$	$\frac{1}{4}$	$\frac{3}{5}$

数

1 **352の十の位の数はどれですか。**

答え ▶ **D**
解説 ▶ in the tens place（十の位の）
限られた3つの数からひとつ選ぶので「What digit ～?」ではなく「Which digit ～?」ですね。

小学2年生

---

2 **この図の何分の何に色が塗られていますか。**

答え ▶ **A**
解説 ▶ fractional part（分割された部分 → 何分の何）、
is colored（色が塗られている）
何分割されているかがわかれば、簡単に答えはわかりますね。

小学2年生

3 JULIE HAS THREE QUARTERS, TWO DIMES AND THREE NICKELS. HOW MUCH MONEY DOES SHE HAVE?

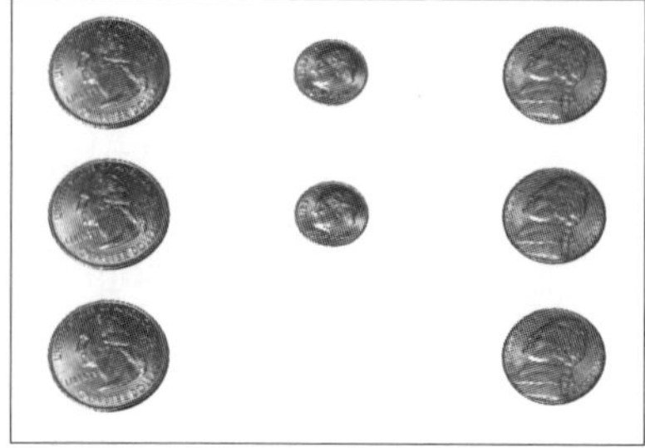

A	**C**
$1.10	$1.25
B	**D**
$0.95	$1.45

---

4 **Kathy shaded $\frac{1}{10}$ of the figure.**

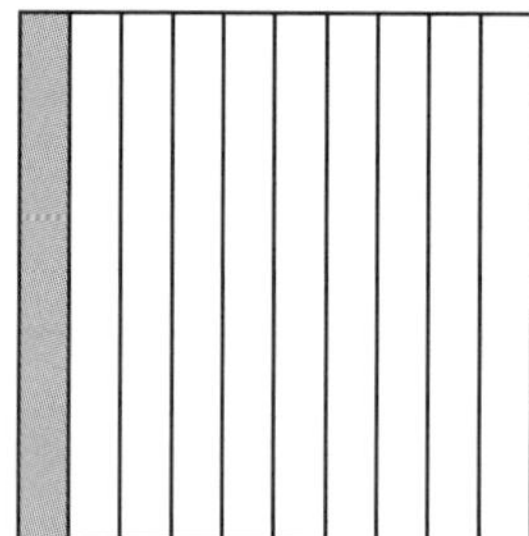

Which decimal equals $\frac{1}{10}$.

A 0.01

B 0.1

C 0.110

D 1.0

訳と答え

3 ジュリーは25セントを3枚、10セントを2枚、5セントを3枚持っています。全部でいくら持っているでしょう。

答え ▶ **A**

解説 ▶ quarter (25¢)、dime (10¢)、nickel (5¢)
25¢ × 3 +10¢ × 2 + 5¢ × 3 = 110¢ = $1.10

小学2年生

---

4 キャシーが下の図の十分の一を塗りました。以下の小数で$\frac{1}{10}$と同じものはどれですか。

答え ▶ **B**

解説 ▶「equal」が、「同等の値（＝)」という意味であることがわかれば簡単ですね。

小学3年生

第5章

5 **A baseball team's attendance last year was about three million seven hundred sixty six thousand. What is this number in standard form?**

A 36,660

B 376,600

C 30,766,000

D 3,766,000

---

6 **Which fraction represents the smallest part of a whole?**

A $\frac{1}{5}$

B $\frac{1}{4}$

C $\frac{1}{2}$

D $\frac{1}{8}$

訳と答え

5 ある野球チームの去年の観客動員数は約三百七十六万六千人でした。この数を数字で表すとどうなりますか。

答え ▶ D
解説 ▶ attendance（観客動員数）、standard form（数字で表す数）、word form（言葉で表す数）

小学4年生

---

6 1番小さい割合を意味している分数はどれでしょう。

答え ▶ D
解説 ▶ represent（表す、意味する）、the smallest part（1番小さい部分 ※必ず the がつく）、whole（全体）

小学4年生

第5章

7 **Which is a prime number?**

A 8

B 3

C 6

D 9

---

8 **The total land area for the State of California is 155,959 square miles. What is this value rounded to the nearest thousand square miles?**

A 155,000

B 156,000

C 155,900

D 160,000

7 以下のうち、素数はどれですか。

答え ▶ B

解説 ▶ 「prime number（素数）」は１とその数自身でしか割り切れない数でしたね。

小学４年生

---

8 カリフォルニア州の面積は 155,959 平方マイルです。これを四捨五入して千の位まで求めると、どのような数字になりますか。

答え ▶ B

解説 ▶ アメリカでは、国土の広さや人口など、自分の国のことを数字で説明することに小さい頃から教えられます。
「Rounded to the nearest thousand（四捨五入して千の位までもとめる）」のなら、百の位で四捨五入をしましょう。

小学５年生

9 **What are all of the different prime factors of 18?**

A 3

B 7

C 2 and 3

D 3 and 7

Calculation

10 **A pie was divided into sevenths. Eva ate $\frac{1}{7}$ of the pie. Mathew ate $\frac{2}{7}$ of the pie. Jasmine ate $\frac{2}{7}$ of the pie. How much of the pie was left?**

A $\frac{5}{7}$

B $\frac{3}{7}$

C $\frac{1}{7}$

D $\frac{2}{7}$

訳と答え

9 18の素因数を全部言いなさい。

答え ▶ **C**
解説 ▶ factor（約数）、prime factor（素因数）
18 = 2 × 3 × 3（1は素数には含みません。）

小学5年生

四則計算

10 パイを7等分に分けました。エバが$\frac{1}{7}$、マシューが$\frac{2}{7}$、ジャスミンが$\frac{2}{7}$を食べました。パイはあとどのくらい残っていますか。

答え ▶ **D**
解説 ▶ divided into ～（～に分ける）
$1 - (\frac{1}{7} + \frac{2}{7} + \frac{2}{7}) = \frac{2}{7}$

小学3年生

11 **Mrs. Lee bought seven plates. All the plates were the same price. The total cost was \$91. How much money did each plate cost?**

A \$10

B \$13

C \$87

D \$637

12

$$X + 25\frac{1}{2}$$

Which situation could be described by the expression above?

A Carol rode a bike X miles yesterday, and $25\frac{1}{2}$ miles more today.

B Carol rode a bike X miles yesterday, and $25\frac{1}{2}$ miles fewer today.

C Carol rode a bike $25\frac{1}{2}$ miles yesterday, and X miles fewer today.

D Carol rode a bike $25\frac{1}{2}$ miles yesterday, and X times as far today.

訳と答え

11 リー夫人はお皿を7枚買いました。どれも同じ値段です。合計は91ドルでした。1枚いくらだったでしょう。

答え ▶ B

解説 ▶ each plate（それぞれのお皿）、cost（(値段）がかかる）

これが割り算の問題だとわかれば、簡単ですね。

$91 \div 7 = 13$

小学3年生

---

12 上の表現を正しく表している文はどれでしょう。

A 昨日、キャロルはXマイル自転車に乗り、今日はさらに $25\frac{1}{2}$ マイル自転車に乗りました。

B 昨日、キャロルはXマイル自転車に乗り、今日は $25\frac{1}{2}$ マイル少なく自転車に乗りました。

C 昨日、キャロルは $25\frac{1}{2}$ マイル自転車に乗り、今日はXマイル少なく自転車に乗りました。

D 昨日、キャロルは $25\frac{1}{2}$ マイル自転車に乗り、今日はさらにXマイル自転車に乗りました。

答え ▶ A

解説 ▶ ride a bike（自転車に乗る）、more（さらに）

答えは、「昨日、キャロルはXマイル自転車に乗り、今日はさらに $25\frac{1}{2}$ マイル自転車に乗りました」です。

数字と言葉で道を説明するのに慣れましょう。アメリカの方にEメールなどで道を尋ねると、「この道をXマイル行って、その先を右に曲がって、さらにYマイル行くと右手にある」というように、地図ではなく文章で説明をしてくれることがとても多いです。日本では、一目でわかる地図を描いてくれることが多いように思います。

小学5年生

Geometry

13 WHICH TWO SHAPES CAN BE PUT TOGETHER SIDE BY SIDE TO MAKE A SQUARE?

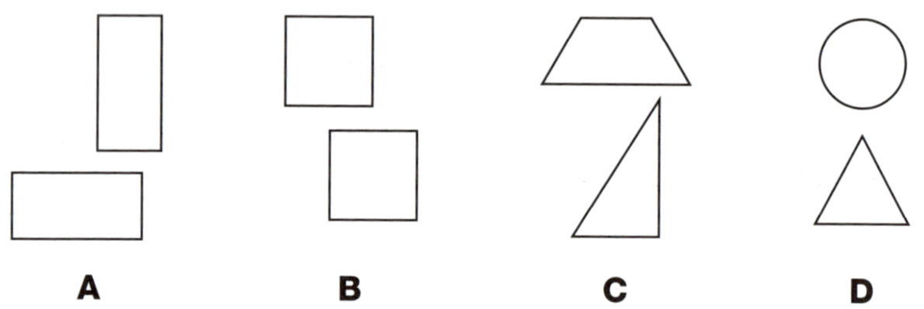

図形

13 **2つの図形を横に並べると正方形になるのは、下の図のうちどれでしょう。**

答え ▶ A

解説 ▶ put together side by side（横に２つ並べる）

「square（正方形）」がどの形なのかわかれば簡単です。

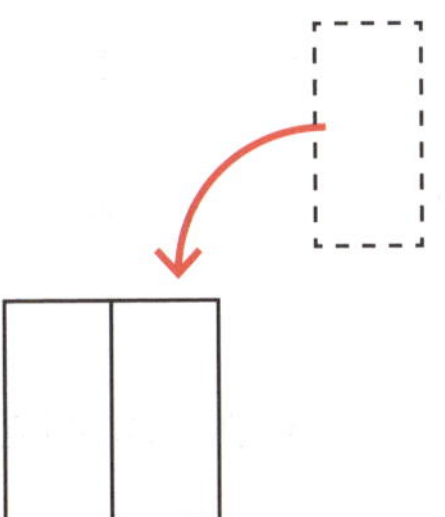

小学２年生

14 **What is the volume of this solid figure made with cubes?**

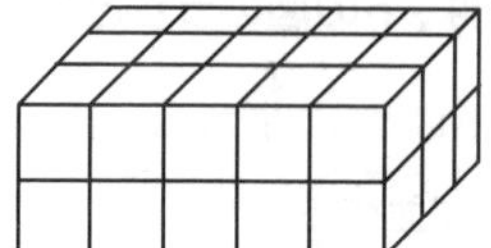

A 10 cubic units

B 20 cubic units

C 30 cubic units

D 40 cubic units

15 **Which baseball equipment is shaped like a pentagon?**

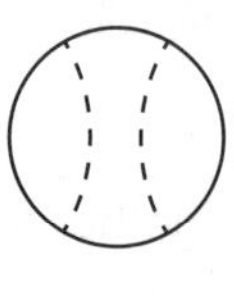

A

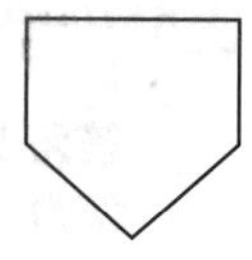

B

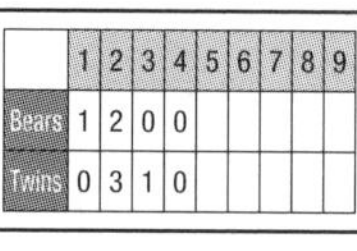

	1	2	3	4	5	6	7	8	9
Bears	1	2	0	0					
Twins	0	3	1	0					

C

D

16 **What is the area of this shape?**

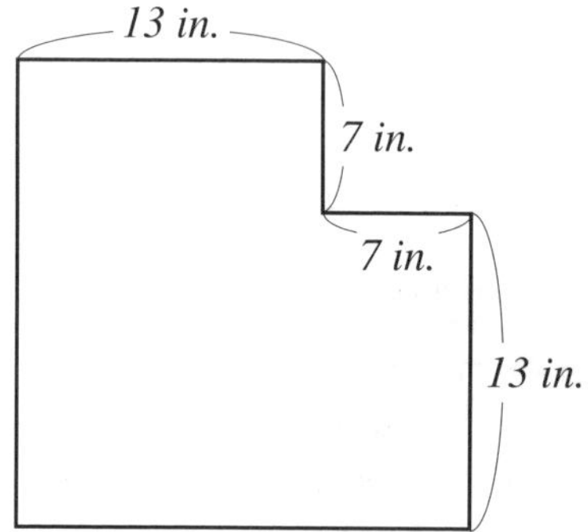

A 49 in^2

B 260 in^2

C 400 in^2

D 351 in^2

14 **立方体でできたこの立体図形の体積を求めなさい。**

答え ▶ C

解説 ▶ volume（体積）

「cubic unit(s)（立方単位）」は「1 cube（立方体）」を１単位として表す単位です。

小学３年生

---

15 **五角形の野球用具はどれですか。**

答え ▶ B

解説 ▶ pentagon（五角形）

ボールは「sphere（球）」、スコアボードは「rectangle（長方形）」、ベースは「square（正方形）」ですね。

小学３年生

---

16 **この図形の面積は何でしょう。。**

答え ▶ D

解説 ▶ 単位に気をつけましょう。in^2は、「Square inches」と読むのでしたね。

20 × 20 - 7 × 7 = 351　351 平方インチ

小学４年生

Graphs

17 MICHAEL, EMILY AND JOSHUA ARE TALKING ABOUT HOW MANY EGGS THEY HUNTED ON EASTER SUNDAY. MICHAEL GOT SEVEN EGGS, EMILY GOT TWELVE AND JOSHUA GOT NINE. WHICH TALLY CHART SHOWS THESE RESULTS?

Michael	Emily	Joshua
7	12	9

A

Easter Eggs	
Michael	𝍸 𝍸 ||
Emily	𝍸 ||||
Joshua	𝍸 ||

C

Easter Eggs	
Michael	𝍸 ||||
Emily	𝍸 𝍸 ||
Joshua	𝍸 ||

B

Easter Eggs	
Michael	𝍸 ||
Emily	𝍸 ||||
Joshua	𝍸 𝍸 ||

D

Easter Eggs	
Michael	𝍸 ||
Emily	𝍸 𝍸 ||
Joshua	𝍸 ||||

グラフ

17 **マイケル、エミリー、ジョシュアの３人はイースターサンデーに卵をいくつ探せたか話しています。マイケルは７個、エミリーは１２個、ジョシュアは９個の卵を見つけました。下のタリーチャートで、この結果を正しく表しているのはどれでしょうか。**

答え ▶ D

解説 ▶ hunt（見つけ出す）、tally chart（タリーチャート）

「Easter（イースター）」はキリスト教の復活祭のことです。春分の後の最初の満月の次の日曜日に行われ、その日を「Easter Sunday（イースターサンデー）」と呼びます。年により日付が変わりますが、人々にとってはこの日から本格的に春という気分になり、白い帽子、白い服、白い靴を身につけて教会へ向かいます。

イースターの子どもたちのお楽しみは「Egg Hunting（エッグハンティング）」です。庭の茂みなどに隠されたカラフルなゆで卵をいくつ見つけられるか、手にバスケットを持って一生懸命に探します。

タリーの書き方は五本目が斜め（横）に引かれることに注意してください。

小学２年生

18 **Mrs. Davis asked her class what type of movie each person liked to watch. She displayed the results in the table below.**

Favorite Type of Movie

Type of movie	Mystery	Cartoon	Science Fiction	Romance	Action
Number of students	5	6	3	1	9

Which graph matches the data in the table?

A

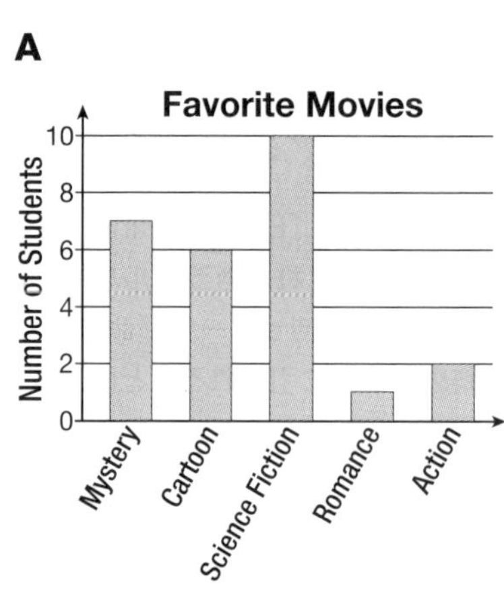

C

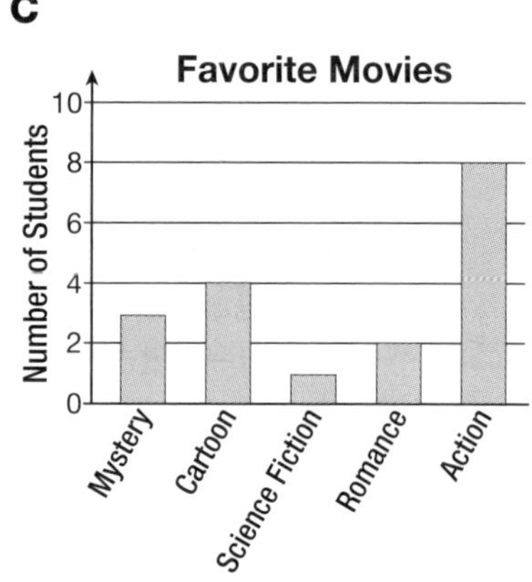

B

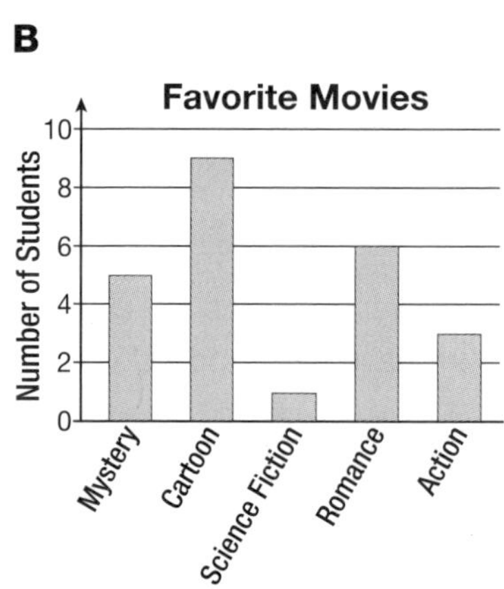

D

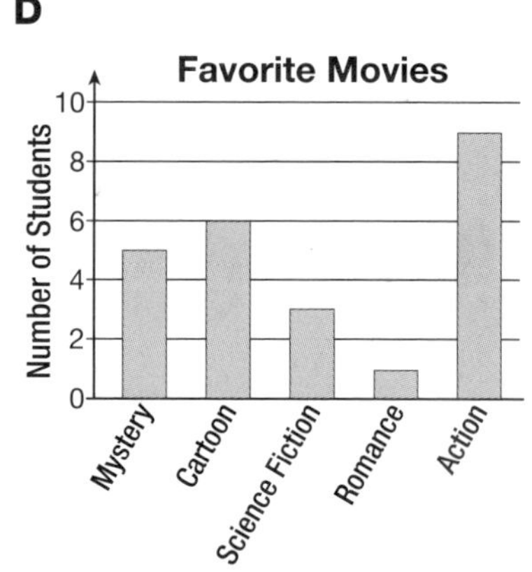

訳と答え

18 **デイヴィス先生はクラスの生徒たちにどのジャンルの映画が好きかを尋ねました。そしてその結果を下のような表にしました。**

下のどのグラフが表の数字を正しく表しているでしょう。

答え ▶ D

解説 ▶ table（表）、graph（グラフ）、data（個々の数字）、
favorite type of movie（好きな映画のジャンル）、
mystery（ミステリー）、cartoon（アニメ）、
science fiction（空想科学）、romance（ロマンス）、
action（アクション）

　表を棒グラフに置き換えるとどうなるか、数字が正しく表されているものを選びましょう。

小学4年生

第5章

19 **This coordinate grid shows the location of 4 facilities around a tent.**

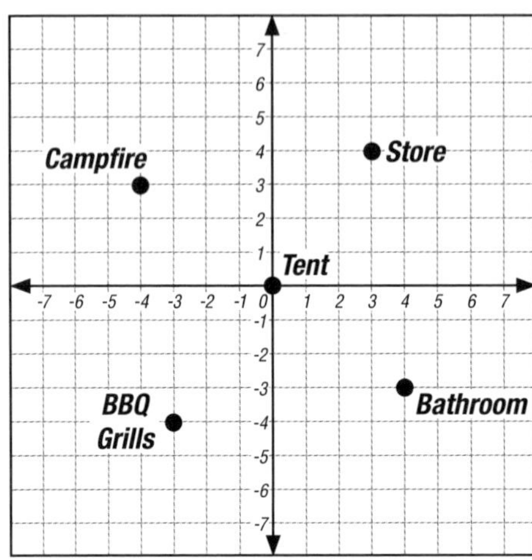

Which facility is located at point (-4, 3)?

A Store

B Campfire

C BBQ Grills

D Bathroom

訳と答え

19 **この座標の座標軸はテントの周りにある4つの施設の位置を示しています。(-4,3) の位置にある施設はどれですか。**

答え ▶ B

解説 ▶ grid（グリッド･位置を特定するための縦横の線）、facility（設備･施設）

それぞれの施設の位置は、x 座標と y 座標で表してありますね。子供たちにとっては実際に行ったキャンプを思い出しながら解ける楽しい問題です。

小学5年生

第5章

20 Mrs. Moore asked her students how long they had read books during last week. The results are shown below.

Length of Time	Percentage
1H ~ 2H	15%
2H ~ 3H	20%
3H ~ 4H	55%
4H and more	10%

Which pie chart shows the results correctly?

A

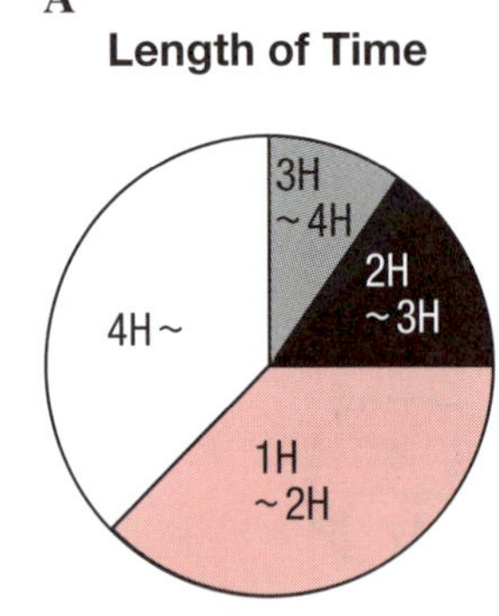

B

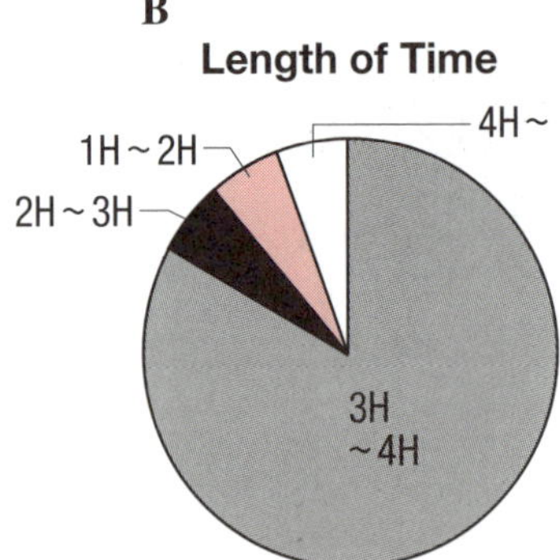

C

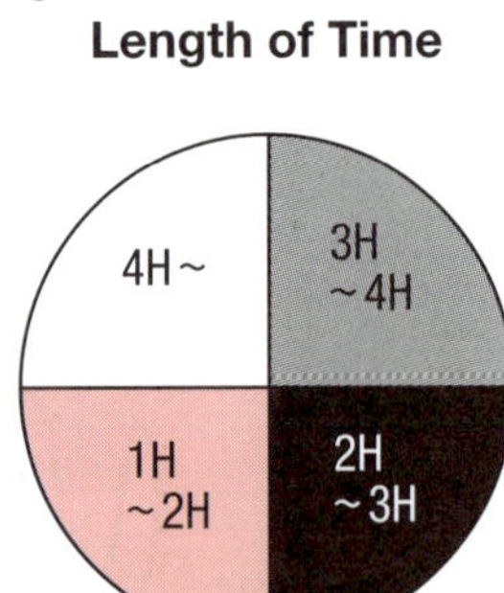

D

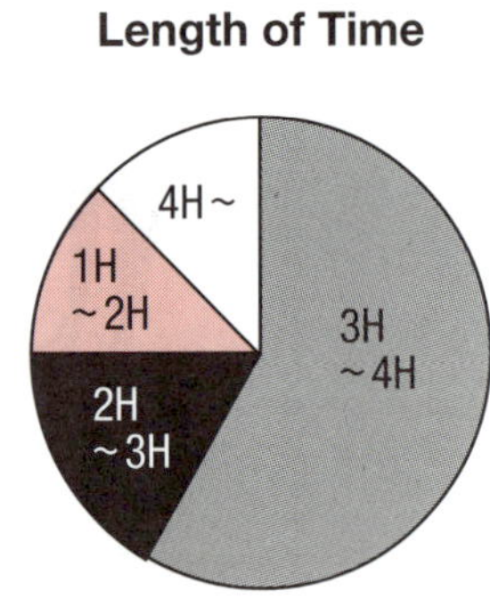

*H represents hour / hours.

訳と答え

20 **ムーア先生は生徒たちに、前の週にどのくらいの時間、読書をしたか尋ねました。**

結果を正しく表している円グラフはどれでしょう。

答え ▶ D

解説 ▶ length of time（時間の長さ）

日本同様、アメリカの子どもたちも読書を奨励されています。学校の「reading（リーディング）」の授業ではもちろん、街の図書館でも読書習慣が身に着くようにさまざまな工夫がされています。

カリフォルニアのある図書館では、「Summer Reading Bugs（夏休みの本の虫）」というプログラムがありました。ある決まった冊数（小さい子にはページ数）を読むと、「book mark（しおり）」や「small toy（小さいおもちゃ）」がもらえたりします。１番人気の「reward（ご褒美）」は、なんといっても、街１番の美味しいアイスクリーム屋さんの「double scoop ice cream（ダブルのアイス）」の引き換え券でした。

小学５年生

第5章

Column 5

Handwriting
手書き文字

アメリカ人の手書き文字を見たことがありますか。日本人の私たちとは少し違った形の数字などを見て、面白いなあと思った経験のある方も多いのではないでしょうか。ここでは、アメリカの子どもたちの handwriting（手書き文字）をいくつか紹介します。ご自分の字と比べてみてください。

ここで紹介する handwriting は授業用のノートやテストの解答用紙から抜粋しています。注目していただきたいのは、解答用紙にある文字が先生の赤丸にさえぎられず、きれいなまま掲載できていることです。アメリカの学校ではテストを返すとき、先生は正解の上に赤丸をつけたりしないことが多いようです。間違ったところに ✓（チェック）を入れ、それが本人にわかればよし、ということのようです。さらにいつも満点が100点ではありません。例えば、問題数が15問だったら15点満点、23問だったら23点満点です。解答用紙に、にこにこマークや「Good job!（よくできました！）」や「Well done!（よくできました！）」、「Hotdog!（すごい！）」など、コメントを書いてくれる先生もいます。

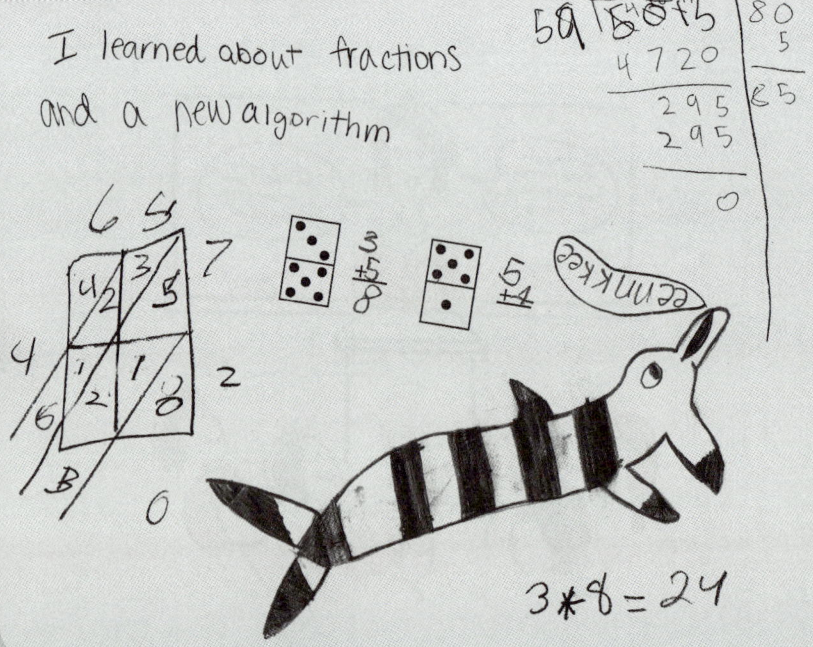

第6章

Listening Exercise
音声ドリル

算数の問題を音声で聞いて解くことに挑戦します。
CD から聞こえてくる指示をよく聞いて答えてください。
第1章から第4章で学んだ単語がたくさん出てきます。
何度も聞いて、算数英語をマスターしてください。

Listening Exercise

Directions: Answer the questions below as you listen to the CD. The questions will be repeated twice.

Now begin.

Stage 1 Numbers

● Numbers

Choose the number you hear.

Q1. A. 13 B. 30 C. 0.3

Q2. A. 17 B. 70 C. 0.17

Q3. A. 20 B. 120 C. 0.2

Q4. A. 50 B. 65 C. 56

Q5. A. 16,050 B. 16,500 C. 60,015

Q6. A. 5,000,000 B. 5,000,000,00 C. 500,000,000

問題スクリプトと答え

指示： CD を聞いて、問題に答えましょう。問題は２回繰り返されます。

では、始めます。

ステージ１ 数字

● 数字

聞こえてきた数字を選びなさい。

問 1. thirty **答え ▶B**

問 2. seventeen **答え ▶A**

問 3. zero point two **答え ▶C**

問 4. sixty five **答え ▶B**

問 5. sixteen-thousand-five-hundred **答え ▶B**

問 6. five-hundred-million **答え ▶C**

Q7 A. 890 B. 1890 C. 8009

Q8. A. $\frac{1}{2}$ B. $\frac{1}{4}$ C. $\frac{1}{3}$

Q9. A. $\frac{2}{3}$ B. $\frac{3}{2}$ C. $\frac{1}{2}$

Q10. A. 2.5 B. 25 C. 0.25

Q11. A. 3.01 B. 3.001 C. 3.0001

Q12. A. 6 ft B. 6 in. C. 6 yd

Q13. A. 1995 B. 1919 C. 1990

Q14. A. 16th B. 60th C. 6th

Q15. A. 2nd B. 22nd C. 32nd

問7.　eight hundred and ninety　答え ▶A

問8.　one fourth　答え ▶B

問9.　two thirds　答え ▶A

問10.　twenty five　答え ▶B

問11.　three point zero zero one　答え ▶B

問12.　six feet　答え ▶A

問13.　nineteen ninety　答え ▶C

問14.　sixteenth　答え ▶A

問15.　thirty second　答え ▶C

● Money

How much is it?

Q1. A. $1 B. $10 C. $100

Q2. B. $12 B. $20 C. $2

Q3. A. 25¢ B. 10¢ C. 5¢

Q4. A. $1.20 B. $1.12 C. $1.02

Q5. A. $10.25 B. $10.5 C. $10.15

Q6. A. $0.03 B. $3.00 C. $0.3

Q7. A. $200.56 B. $120.50 C. $200.50

Q8. A. $17,000 B. $70,000 C. $700,000

Q9. A. $2,530,000 B. $2,350,000 C. $2,300,500

● お金

いくらでしょう。

問1. ten dollars 答え ▶B

問2. two dollars 答え ▶C

問3. a quarter 答え ▶A

問4. one dollar and twelve cents 答え ▶B

問5. ten dollars and twenty five cents 答え ▶A

問6. thirty cents 答え ▶C

問7. two-hundred dollars and fifty cents 答え ▶C

問8. seventy-thousand dollars 答え ▶B

問9. two-million-five-hundred and thirty-thousand dollars 答え ▶A

● Time

What time is it?

Q1.	A. 2:50	B. 2:15	C. 2:05
Q2.	A. 10:00	B. 10:10	C. 10:05
Q3.	A. 2:45	B. 2:15	C. 1:45
Q4.	A. 5:30	B. 5:15	C. 5:45
Q5.	A. 1:30 am	B. 1:13 am	C. 1:33 am
Q6.	A. 7:00 am	B. 7:30 am	C. 7:00 pm
Q7.	A. 12:00am	B. 12:00pm	C. 12:09am
Q8.	A. 1 hour	B. 12 hours	C. 1 day

● 時間

何時でしょう。

問 1. two oh five **答え ▶C**

問 2. ten o'clock **答え ▶A**

問 3. quarter to two **答え ▶C**

問 4. half past five **答え ▶A**

問 5. one thirty a.m. **答え ▶A**

問 6. seven p.m. **答え ▶C**

問 7. midnight **答え ▶A**

問 8. How long does it take for the hour hand to go all the way around the clock face?
（短針が文字盤を１周するのに、どのくらいかかりますか？）
答え ▶B

● Calendars

Listen carefully. Fill in the blanks.

Q1. There are _________ days in a _________.

Q2. There are _________ days in a _________.

Q3. There are _________ minutes in a regular year.

Q4. February _________ occurs only in leap year.

Listen carefully. Pick the most appropriate answer from the following.

Q5. December _________

A. 13th B.3rd C. 30th

Q6. _________ of September

A. The second B. Second C. The third

Q7. A. 2101 B. 2011 C. 2010

Q8. A. 2016 BC B. 2060 BC C. 2061 BC

Q9. A. 14th birthday
B. 4th birthday
C. 40th century birthday

●暦

よく聞いてください。以下の空欄を埋めなさい。

問 1. There are three-hundred and sixty-five days in a year.
（1 年は 365 日です） **答え ▶365 / year**

問 2. There are seven days in a week.（1 週間は 7 日です）
答え ▶7 / week

問 3. There are five-hundred and twenty-five-thousand-six-hundred minutes in a regular year.（1 年は 525600 分です）
答え ▶525600

問 4. February twentyninth occurs only in leap year.
（うるう年にのみ 2 月 29 日がきます） **答え ▶29th**

よく聞いてください。適した答えを以下から選びなさい。

問 5. December thirtieth（12 月 30 日） **答え ▶C**

問 6. The second of September（9 月 2 日） **答え ▶A**

問 7. The year two-thousand-eleven **答え ▶B**

問 8. Two-thousand sixteen BC **答え ▶A**

問 9. Fourteenth birthday **答え ▶A**

第6章

Stage 2 Calculation

Listen carefully. Choose the most appropriate number sentence below.

Q1. A. $7 - 1 = 6$ B. $1 + 5 = 6$ C. $1 \times 5 = 5$

Q2. A. $1{,}000{,}000 \times 1{,}300 = 1{,}300{,}000{,}000$

B. $1{,}000 \times 130 = 130{,}000$

C. $1{,}000{,}000 \times 130{,}000 = 130{,}000{,}000{,}000$

Q3. A. $\frac{4}{5} - \frac{1}{2} = \frac{3}{10}$ B. $\frac{4}{5} \times \frac{1}{2} = \frac{2}{5}$ C. $\frac{4}{5} - \frac{3}{2} = -\frac{7}{10}$

Q4. A. 490¢ + 510¢ = \$10

B. \$49 + \$51 = \$100

C. \$490 + \$510 = \$1000

Q5. A. $10 \times 3 = 30$ B. $10 \div 3 = 3.3333$ C. $10 - 3 = 7$

Q6. A. $81.9 \div 10 = 8.19$ B. $81.3 \div 10 = 8.13$ C. $81.3 - 10 = 71.3$

Q7. A. $6.71 + 3.29 = 10$ B. $67.1 + 3.29 = 79.39$ C. $6.71 + 3.2 = 9.91$

Q8. A. $-37 - 23 = -60$ B. $-0.37 - 23 = -23.37$ C. $-3.7 - 2.3 = -6$

ステージ2 四則計算

よく聞いてください。以下から最も適した答えを選びなさい。

問1. One plus five equals six. **答え ▶B**

問2. One-million times thirteen-hundred is equal to one billion-three-hundred-million **答え ▶A**

問3. Four fifths minus one half is equal to three tenths. **答え ▶A**

問4. Four hundred and ninety dollars and five-hundred-ten dollars makes a thousand dollars. **答え ▶C**

問5. Ten minus three equals seven. **答え ▶C**

問6. Eighty-one and three tenths divided by ten equals eight and thirteen hundredths. **答え ▶B**

問7. Six and seventy-one hundredths plus three and twenty-nine hundredths equals ten. **答え ▶A**

問8. Negative thirty-seven minus twenty-three equals negative sixty. **答え ▶A**

Q9. A. $25.32 + 199.75 = 225.07$

B. $25.3 - 9.975 = 5.325$

C. $25.3 + 199.75 = 225.05$

Q10. A. $6 \div 3 = 2$　B. $6 - 3 = 3$　C. $6 + 3 = 9$

Q11. A. $9 \times 6 = 54$　B. $15 - 9 = 6$　C. $50 - 44 = 6$

Q12. A. $6 + 4 = 10$　B. $6.7 + 33 = 39.7$　C. $6.7 + 3.3 = 10$

Q13. A. $\frac{1}{100} \times \frac{1}{100} = \frac{1}{10000}$　B. $\frac{1}{10} \times \frac{1}{100} = \frac{1}{1000}$　C. $\frac{1}{10} \times \frac{1}{1000} = \frac{1}{10000}$

Q14. A. $2.17 - 5.17 = -3$　B. $2.07 - 5.07 = -3$　C. $2.70 - 5.70 = -3$

Q15. A. $2\frac{1}{2} + 3\frac{1}{4} = 5\frac{3}{4}$　B. $\frac{3}{4} + 5\frac{1}{4} = 6$　C. $2\frac{3}{4} + 3\frac{1}{4} = 6$

Q16. A. $3 - \frac{3}{4} = 2\frac{1}{4}$　B. $3 - \frac{1}{3} = 2\frac{2}{3}$　C. $3 - \frac{3}{5} = 2\frac{2}{5}$

問9. Twenty-five point three plus one-hundred-ninety-nine point seven five is equal to two-hundred-twenty-five point zero five. **答え ▶C**

問10. Six divided by three is two. **答え ▶A**

問11. Subtracting nine from fifteen equals six. **答え ▶B**

問12. Six and seven tenths plus three and three tenths equals ten. **答え ▶C**

問13. One tenth times one hundredth is one thousandth. **答え ▶B**

問14. Two and seventy hundredths minus five and seventy hundredths equals negative three. **答え ▶C**

問15. Two and three fourths plus three and a quarter is equal to six. **答え ▶C**

問16. Three minus three quarters is two and a quarter. **答え ▶A**

Q17. A. $\frac{1}{4} \div \frac{1}{3} = \frac{3}{4}$ B. $\frac{1}{2} \div \frac{1}{3} = \frac{3}{2}$ C. $\frac{1}{4} \div \frac{1}{16} = 4$

Q18. A. $58.32 - 2.12 = 56.2$
B. $68.23 - 2.1 = 66.13$
C. $78.43 - 3.23 = 75.2$

Q19. A. $8 \times 9 = 72$ B. $9 \times 8 = 72$ C. $0.9 \times 0.8 = 0.72$

Q20. A. $0.01 \div 0.1 = 0.1$ B. $0.1 \div 0.01 = 10$ C. $0.1 \div 0.001 = 100$

Q21. A. $\frac{4}{9} \times \frac{5}{7} = \frac{20}{63}$ B. $\frac{4}{10} \times \frac{5}{17} = \frac{2}{17}$ C. $\frac{14}{9} \times \frac{6}{7} = \frac{4}{3}$

Q22. A. $0.3 + 0.17 = 0.47$
B. $0.013 + 0.97 = 0.983$
C. $0.13 + 0.79 = 0.92$

Q23. A. $\frac{5}{2} \times \frac{3}{4} = \frac{15}{8}$ B. $\frac{3}{2} \times \frac{5}{2} = \frac{15}{4}$ C. $\frac{3}{2} \times \frac{2}{5} = \frac{3}{5}$

Q24. A. $\frac{1}{2} + \frac{1}{2} = 1$ B. $\frac{1}{2} \times \frac{1}{2} = \frac{1}{4}$ C. $\frac{1}{2} \div \frac{1}{2} = 1$

問17. One quarter divided by one third is three quarters. 答え ▶A

問18. Sixty- eight point two three minus two point one is sixty-six point one three. 答え ▶B

問19. Nine times eight equals seventy-two. 答え ▶B

問20. Zero point one divided by zero point zero one is ten. 答え ▶B

問21. Four ninths times five sevenths equals twenty over sixty-three. 答え ▶A

問22. Zero point one three and zero point seven nine makes zero point nine two. 答え ▶C

問23. Three halves multiplied by five halves is equal to fifteen quarters. 答え ▶B

問24. A half added to a half equals one. 答え ▶A

Q25. A. $4.3 \times 0.2 = 0.86$

B. $4.3 \times 1.2 = 5.16$

C. $4.3 \times 0.12 = 0.516$

Q26. A. $19.05 \div 10 = 1.905$

B. $9.05 \times 10 = 90.5$

C. $90.05 \div 10 = 9.005$

Q27. A. $1.02 \times 7 = 7.14$

B. $100.02 \times 0.7 = 70.014$

C. $10.2 \times 7 = 70.14$

Q28. A. $1 - \frac{1}{2} = \frac{1}{2}$ B. $1 - \frac{1}{4} = \frac{3}{4}$ C. $1 - \frac{1}{3} = \frac{2}{3}$

Q29. A. $15 \div 50 = 0.3$ B. $50 \div 15 = 3$ R 5 C. $55 \div 15 = 3$ R 10

Q30. A. $10.01 \times 8 = 80.08$

B.$10.001 \times 8 = 80.008$

C. $1.01 \times 8 = 8.08$

Q31. A. $0.5 \div \frac{1}{10} = 0.05$ B. $\frac{1}{2} \div 10 = \frac{1}{20}$ C. $\frac{1}{2} \times 10 = 5$

Q32. A. $\{(200 \div 5) + (3 \times 10)\} - 20 = 50$

B. $\{(200 \div 5) \times 3\} - 10 + 20 = 130$

C. $\{(200 \div 5) \times 3\} + 10 - 20 = 110$

問 25. Four point three times one point two equals five and sixteen hundredths. **答え ▶B**

問 26. Ninety point zero five divided by ten is equal to nine point zero zero five. **答え ▶C**

問 27. Ten and two tenths times seven is equal to seventy and fourteen hundredths. **答え ▶C**

問 28. One third subtracted from one leaves two thirds. **答え ▶C**

問 29. Fifty divided by fifteen is equal to three with a remainder of five. **答え ▶B**

問 30. Ten point zero one times eight is eighty point zero eight. **答え ▶A**

問 31. One half divided by ten is one over twenty. **答え ▶B**

問 32. Two-hundred divided by five times three plus ten minus twenty equals one-hundred-ten. **答え ▶C**

Stage 3 Mental Math

● Addition

CD 22

Listen carefully. Find the sums.

Q1. ______________________________

Q2. ______________________________

● Subtraction

CD 23

Listen carefully. Find the differences.

Q3. ______________________________

Q4. ______________________________

● Multiplication

CD 24

Listen carefully. Find the products.

Q5. ______________________________

Q6. ______________________________

● Division

CD 25

Listen carefully. Find the quotients.

Q7. ______________________________

Q8. ______________________________

ステージ3 暗算

●足し算

よく聞いてください。和を求めなさい。

問1. What is fourteen plus sixty equal to?（14 + 60）

答え ▶74 (seventy four)

問2. What does three sevenths plus five sevenths equal?（$\frac{3}{7}+\frac{5}{7}$）

答え ▶$1\frac{1}{7}$ (one and one seventh)

●引き算

よく聞いてください。差を求めなさい。

問3. What is two-hundred-forty dollars minus one-hundred-twenty dollars?（$240 – $120）

答え ▶$120 (one hundred twenty dollars)

問4. What is zero point eight minus zero point three?（0.8 - 0.3）

答え ▶0.5 (zero point five)

●掛け算

よく聞いてください。積を求めなさい。

問5. What is ten times twenty?（10 × 20）

答え ▶200 (two hundred)

問6. What is one half multiplied by one third?（$\frac{1}{2}\times\frac{1}{3}$）

答え ▶ $\frac{1}{6}$ (one sixth)

●割り算

よく聞いてください。商を求めなさい。

問7. What does twenty-one divided by seven equal?（21 ÷ 7）

答え ▶3 (three)

問8. What does two thirds divided by two thirds equal?（$\frac{2}{3}\div\frac{2}{3}$）

答え ▶1 (one)

Stage 4 Geometry

● Shapes

Choose the shape.

Q1.

A

B

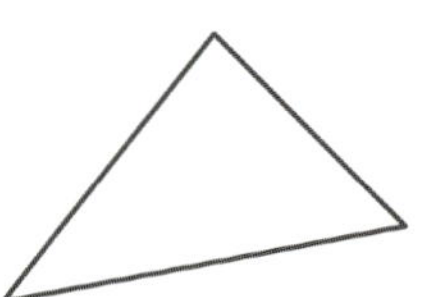

C

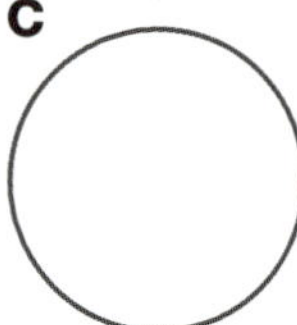

Q2.

A

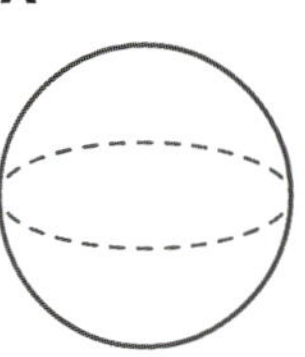

B

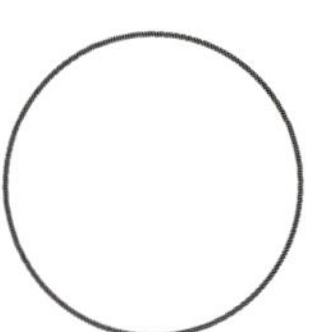

C

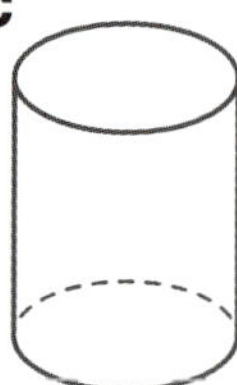

Q3.

A

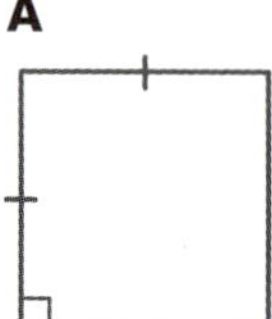

B

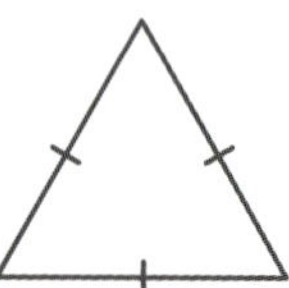

C

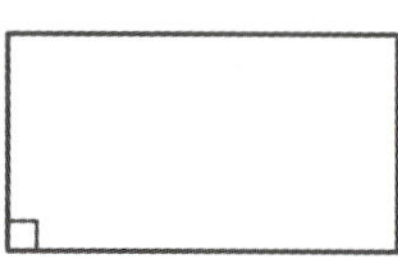

Q4.

A

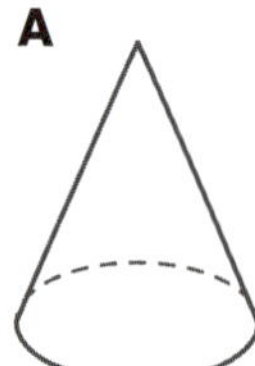

B

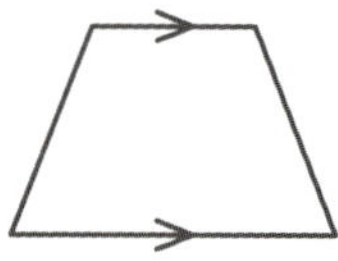

C

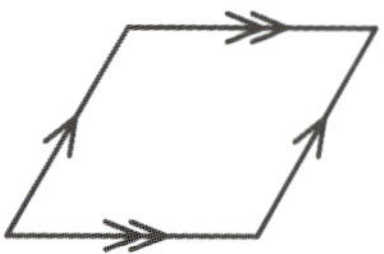

ステージ4 幾何学

● 図形

図形の名前を選びなさい。

問1. triangle（三角形） **答え ▶B**

問2. circle（円） **答え ▶B**

問3. rectangle（長方形） **答え ▶C**

問4. trapezoid（台形） **答え ▶B**

Q5.

A

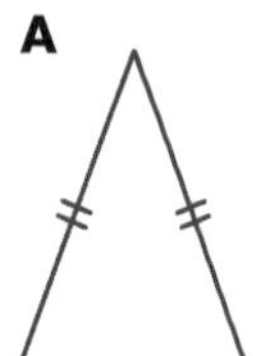

B

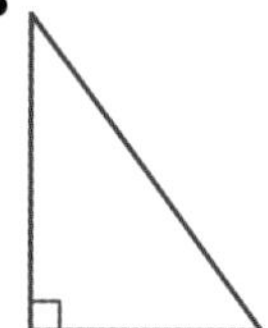

C

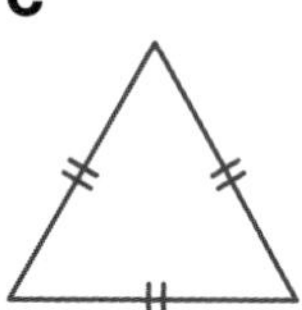

Q6.

A

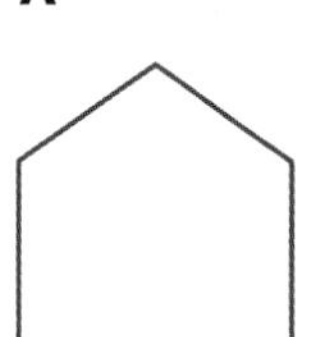

B

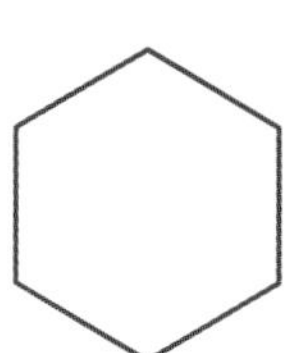

C

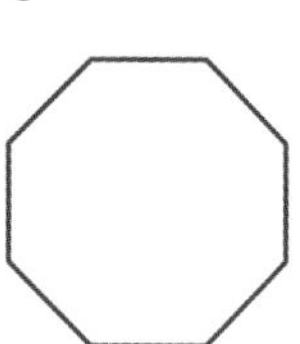

Q7.

A

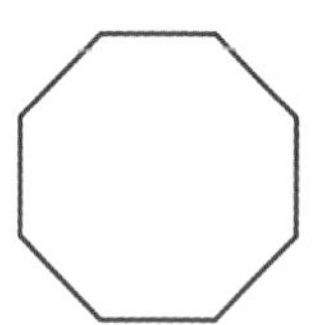

B

C

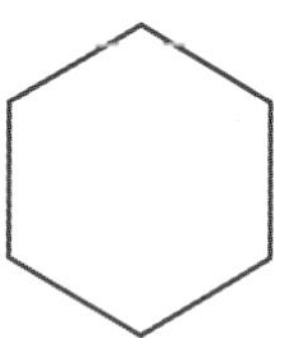

Q8.

A

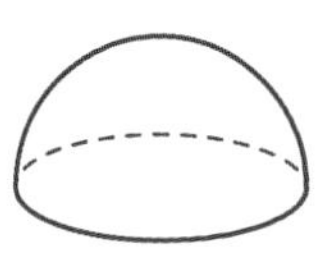

B

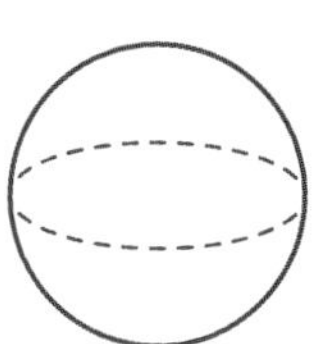

C

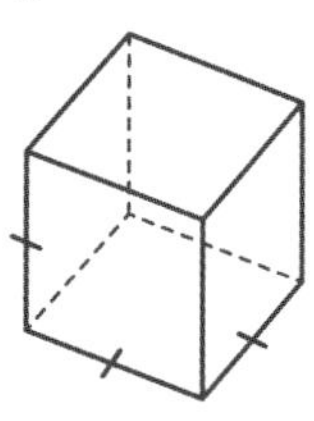

問5. isosceles triangle（二等辺三角形） **答え ▶A**

問6. pentagon（五角形） **答え ▶A**

問7. hexagon（六角形） **答え ▶C**

問8. sphere（球） **答え ▶B**

Q9.

A

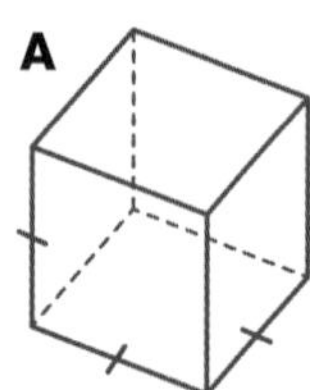

B

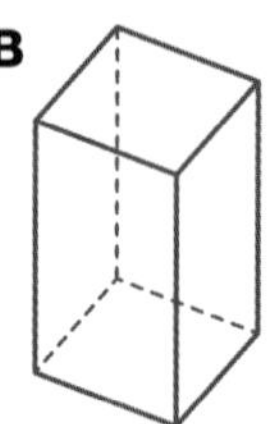

C

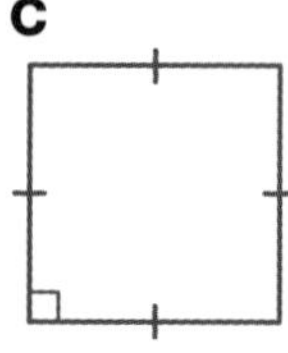

Q10.

A

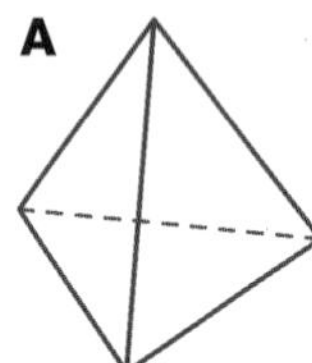

B

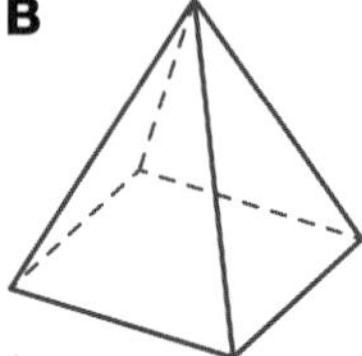

C

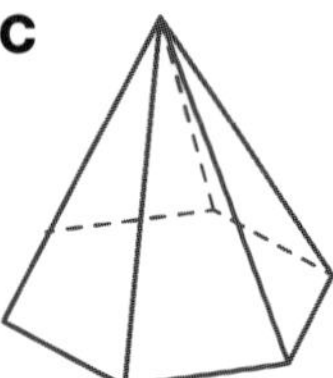

Q11.

A

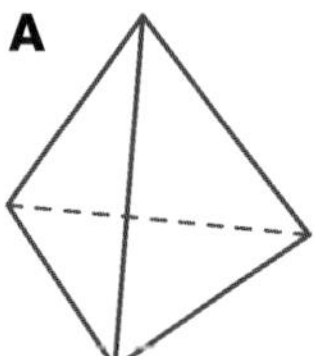

B

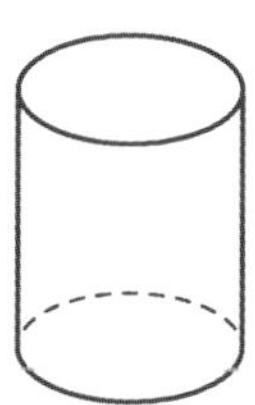

C

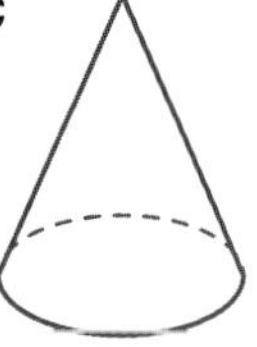

Listen carefully. What is being defined?

Q12.

A

B

C

Q13.

A

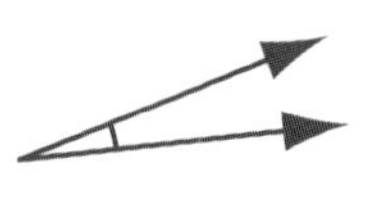

B

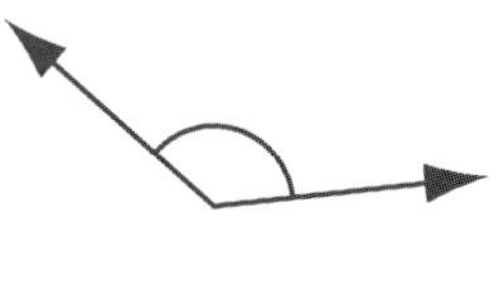

C

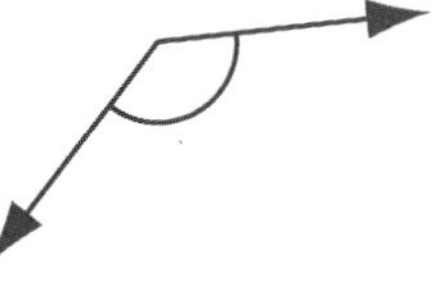

問9. cube（立方体）　**答え ▶A**

問10. square pyramid（四角錘）　**答え ▶B**

問11. cone（円錐）　**答え ▶C**

よく聞いてください。どの図形の定義でしょう。

問12. A line which starts at an endpoint and goes off in a particular direction to infinity
（端点から始まり一方向に無限に続く線）

答え ▶C〈**ray**（射線）〉

問13. An angle measuring between zero and ninety degrees
（0度から90度までの間の角）

答え ▶A〈**acute angle**（鋭角）〉

● Transformation

Choose the correct figure.

Q14. **A**

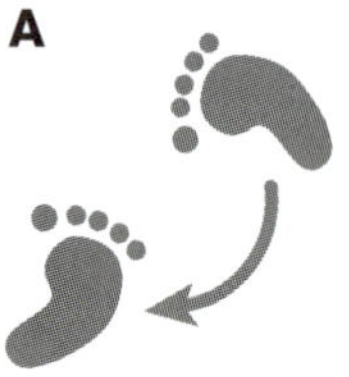

B

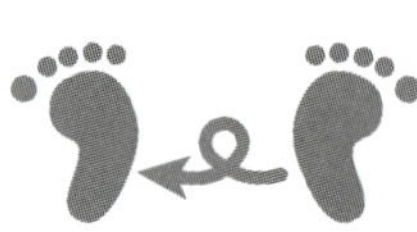

C

Q15. **A**

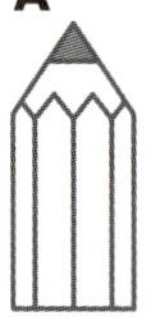

B

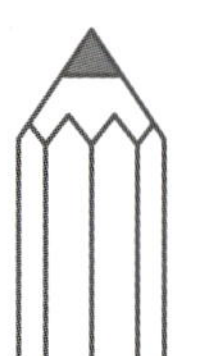

C

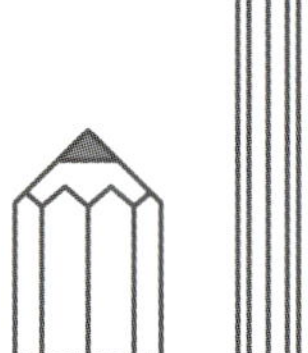

● 図形の移動

正しい図を選びなさい。

問14. rotation（回転）　　**答え ▶A**

問15. congruent（合同）　　**答え ▶A**

第6章

Column 6

Function Machine

ファンクションマシーン

ここでひとつゲームをしましょう。下に Function Machine という魔法の機械があります。この Function Machine の INPUT に3を入れてみると OUTPUT から5が出てきました。次に、INPUT に7を入れてみます。すると、OUTPUT から9が出てきました。さて、機械の中ではどんなことが起きているのでしょう。そうですね、2を足すという作業が行われているのですね。

INPUT

Function Machine

OUTPUT

INPUT	OUTPUT
3	5
7	9

ルール：INPUT + 2 = OUTPUT

ではもうひとつ。INPUT に10を入れると、OUTPUT から30が出てきました。次に INPUT に150を入れると OUTPUT からは450が出てきました。機械の中の作業は「×3」ですね。

INPUT	OUTPUT
10	30
150	450

ルール：INPUT × 3 = OUTPUT

アメリカの小学校では3年生くらいになると、INPUT と OUTPUT の数の間にはどんな関係があるのかを考える練習をし、のちに出てくる代数を学ぶ準備をします。教室では、先生が黒板に描く Function Machine を使い、ゲーム感覚で子どもたちに問題を解かせていきます。これに慣れてくると、今度は子どもたちが問題を出しますが、みんな問題係になりたがります。それはそうですよね。先生を含めたクラスの全員が、自分が作ったルールを探し出そうとしてくれるのですから面白くないわけがありません。

Function Machine の guessing game（推理ゲーム）は、紙がなくてもできるため、車での家族旅行にも人気です。アメリカ国内の旅行には飛行機を使うことが多いのですが、子どもの多い家族が沢山の荷物を持って、夏休みやクリスマス休暇などに帰省するときは、長時間の車でのドライブということもあります。子ども連れの車中では、この Function Machine はうってつけのゲームです。眠くなってしまいがちなドライバーも参加できて、全員が楽しめる点も良いのかと思います。みなさんもお友達や家族の方と Function Machine で遊んでみてください。

お役立ち！

日米単位換算表

日本とアメリカでは、使う単位が異なります。旅行先やアメリカでの生活に役に立ちそうな単位をまとめました。ぜひ、活用してください。

長さ　Length

長さの単位には inch、foot（複数形は feet）、yard、mile の４種類があります。アメリカの子供たちは、inch で測るものは？　feet で測るものは？　という問題を解きながら、それぞれの単位が日常生活のどの場面で使われているのかを習います。例えば、身長は feet であらわされることが多いですし、アメリカンフットボールのコートの広さは yard を使って表されます。車や飛行機などの走行／飛行距離は mile を使います。

kilometer (km)	centimeter (cm)	inch (in.)	foot / feet (ft)	yard (yd)	mile (mi)
	約 2.54 cm	1 in.			
	約 30 cm	12 in.	1 ft		
	約 90 cm	36 in.	3 ft	1 yd	
約 1.6 km		15840 in.	5280 ft	1760 yd	1 mi

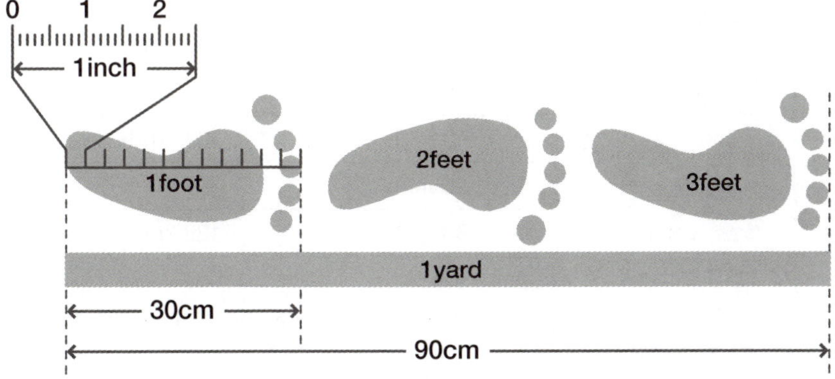

● 靴のサイズ

靴のサイズ表示が世界共通だったらと思ったことはありませんか。ここでは、アメリカで靴を買う時に、役に立つ日米靴のサイズ換算表を紹介します。靴の素材や形によっても足に合うか合わないかは変わってきますので、あくまで下の表は参考として活用してくださいね。

メンズサイズ

US	5.5	6	6.5	7	7.5	8	8.5	9	9.5	10	10.5	11	11.5	12
Japanese (cm)	23.5	24	24.5	25	25.5	26	26.5	27	27.5	28	28.5	29	29.5	30

レディースサイズ

US	4.5	5	5.5	6	6.5	7	7.5	8	8.5	9	9.5	10	10.5	11
Japanese (cm)	21.5	22	22.5	23	23.5	24	24.5	25	25.5	26	26.5	27	27.5	28

● アメリカの制限速度

次は、アメリカの市街地、高速道路でよく見る制限速度を下にあげておきます。制限速度は州によって違ってくるので、道路標識はよくチェックしてください。

Miles per hour (mi/h)	Kilometers per hour (km/h)
25 mi/h	40 km/h
30 mi/h	48 km/h
40 mi/h	64 km/h
60 mi/h	97 km/h
80 mi/h	129 km/h

※ per hour　時速

重さ　Weight

重さを測る単位は2種、ounce とpoundです。生鮮食品などは大抵量り売りです。長さと同様、重さを測る単位についても、どの単位でどのようなものを測るのかを考えてみましょう。

Gram (g)	Ounce(oz)	Pound (lb)
約 28 g	1 oz	
約 450 g	16 oz	1 lb

液体容量　Capacity

液体容量の単位は、fluid ounce、cup、pint、quart、gallon の5種類です。Grocery store（日本のスーパーにあたる食料・雑貨店）では、アイスクリームやジュースなどは pint、quart という単位で、大きい牛乳は gallon という単位で容量を表します。車のガソリンは、gallon 単位で売られています。

Milliliter (ml)	Fluid ounce (fl oz)	Cup (c)	Pint (pt)	Quart (qt)	Gallon (gal)
30 ml	1 fl oz				
237 ml	8 fl oz	1 c			
473 ml	16 fl oz	2 c	1 p		
946 ml	32 fl oz	4 c	2 p	1 q	
3785 ml	128 fl oz	16 c	8 p	4 q	1 gal

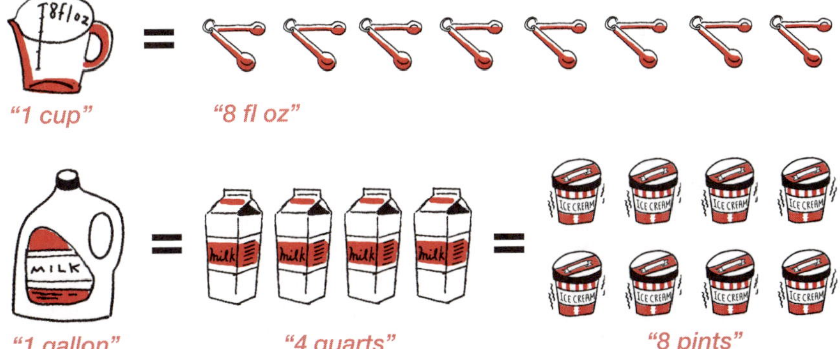

"1 cup" = "8 fl oz"

"1 gallon" = "4 quarts" = "8 pints"

温度　Temperature

温度の単位はFahrenheitを使います。下図のようにCentigradeも表示されている温度計があると比較しやすいでしょう。なお、温度の読み方は「36 degrees」というように「数字 + degrees」で表します。

華氏　Fahrenheit　F = C × 9 ÷ 5 + 32
摂氏　Centigrade　C = (F - 32) × 5 ÷ 9

温度計　Thermometer

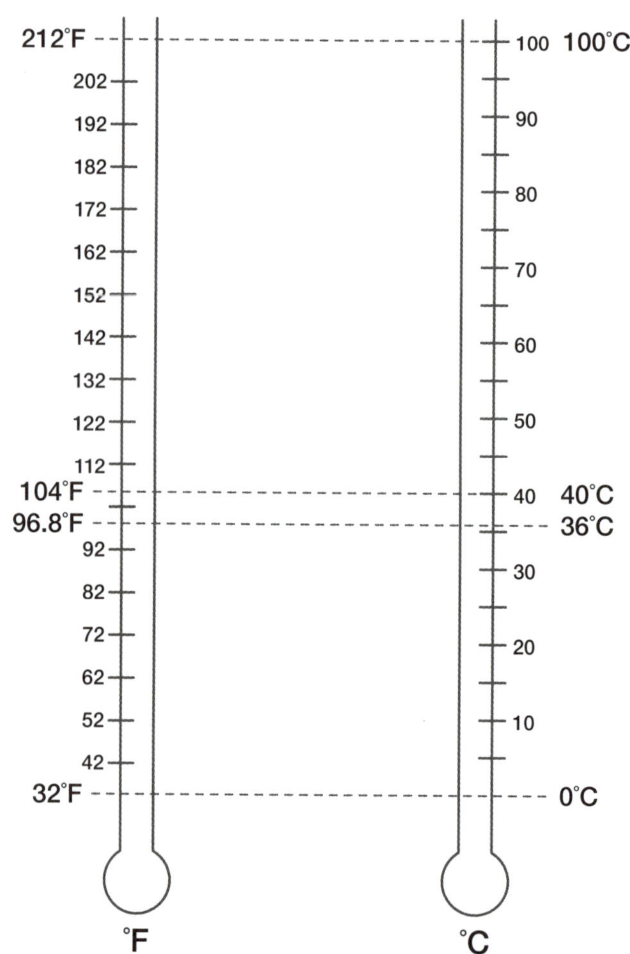

● 気温

海外を旅行した時に、飛行機の機内放送で現地の気温を言われても、すぐにはピンと来ないということがあります。寒いのか暑いのか、それくらいは把握できるようになりたいですね。では、気温を華氏と摂氏で対比してみましょう。

Fahrenheit (°F)	Centigrade (°C)
41°F	5°C
50°F	10°C
59°F	15°C
68°F	20°C
77°F	25°C
86°F	30°C

● オーブンの設定温度

次は、料理のレシピにあるよく使われるオーブン設定温度を紹介します。「Thanksgiving dinner（感謝祭のディナー）」での「turkey（七面鳥）」や「pumpkin pie（かぼちゃパイ）」をはじめ、パーティー料理にオーブンは欠かせません。以下の表を参考にして、英語のレシピでアメリカ仕込みのローストターキーやパンプキンパイ作りにチャレンジしてみては？

Fahrenheit (°F)	Centigrade (°C)
325°F	約 162°C
350°F	約 176°C
370°F	約 187°C
450°F	約 232°C

*Temp=temperature

INDEX 算数用語索引

英 語

※太字は見出し語を表しています。

日本語

※太字は見出し語を表しています。

ま

や

ら

わ

記号・数字

●著者紹介
小坂洋子（Yoko Kosaka）
練馬区立小学校英語指導員、津田塾大学オープンスクール非常勤講師。長年、児童外国語教育に携わる。青山学院大学文学部卒業後、(旧)三井銀行にて為替カスタマー・ディーラーとして勤務。日本書道専門学校卒業後、コロラド州で書道の指導にあたる。カリフォルニア州 Monterey Institute of International Studiesで教育言語学 TFL (外国語教育) 修士号取得。米国防省言語研究所、Monterey Bay Charter School シュタイナー学校勤務を経て、現在に至る。日本児童英語教育学会 (JASTEC) 会員。著書に『アメリカの小学校教科書で英語を学ぶ』(共著)、『アメリカの子どもはこんな英語を話している』(共にベレ出版) など。

カバーデザイン	滝デザイン事務所
本文デザイン／DTP	江口うり子 (アレピエ)
本文イラスト	いとう瞳
CDナレーション	Jack Merluzzi
	城内 美登理

やさしい算数英語

平成23年（2011年）2月10日　初版第1刷発行

著　者　小坂洋子
発行人　福田富与
発行所　有限会社　Jリサーチ出版
〒166-0002　東京都杉並区高円寺北2-29-14-705
電話 03(6808)8801(代)　FAX 03(5364)5310
編集部 03(6808)8806
http://www.jresearch.co.jp
印刷所　㈱シナノパブリッシングプレス

ISBN978-4-86392-046-0　